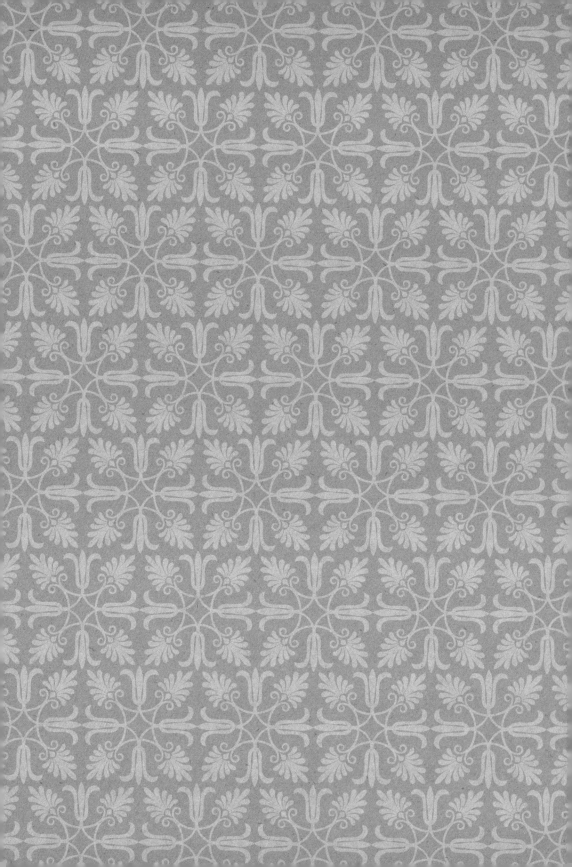

不可小视的细菌

钟 韵◎编著

金盾出版社

内 容 提 要

　　细菌用肉眼无法看见,却无时无刻都存在于我们的生活中,并对我们的生活产生了非常重要的影响。比如让我们拉肚子、使得食物变质、让可爱的猫狗患病等,非常讨人厌。当然,细菌也不只干坏事,他们可以用来治疗某些疾病,补充我们身体的蛋白质,消灭有害的微生物等。

图书在版编目(CIP)数据

不可小视的细菌/钟韵编著. — 北京:金盾出版社,2013.9(2019.3 重印)
(科学原来如此)
ISBN 978-7-5082-8486-6

Ⅰ.①不… Ⅱ.①钟… Ⅲ.①细菌—少儿读物 Ⅳ.①Q939.1-49

中国版本图书馆 CIP 数据核字(2013)第 129549 号

金盾出版社出版、总发行

北京太平路 5 号(地铁万寿路站往南)
邮政编码:100036 电话:68214039 83219215
传真:68276683 网址:www.jdcbs.cn
三河市同力彩印有限公司印刷、装订
各地新华书店经销
开本:690×960 1/16 印张:10 字数:200 千字
2019 年 3 月第 1 版第 2 次印刷
印数:8 001~18 000 册 定价:29.80 元
(凡购买金盾出版社的图书,如有缺页、
倒页、脱页者,本社发行部负责调换)

前言

　　细菌是一种非常古老的生物体，据科学研究表明，早在37亿年前地球上就已经有细菌存在了。细菌的个头很小，人类已知种类的细菌大小仅有0.5～5微米，所以我们只能通过显微镜看到它。细菌虽小，却不可小视，它也是自然界生态循环的一个重要参与者。离开了细菌，很多生物都将无法存活。所以有人说，细菌于人类也是不可或缺的存在。

　　细菌在我们的生活中无处不在：我们身边的空气里，盛水的水杯上，甚至我们的身上也有着数以万计的细菌。但奇怪的是，一提到它，人们总是满脸的疑惑和不解，因为它看不见也摸不着。

　　一提到细菌，我们马上就能想到各种病菌：让我们难受的、生病的，甚至致命的。其实不然，很大一部分细菌非但不致病，反倒对我们人类有很大的帮助。比如我们最喜欢喝的酸奶，就是利用乳酸菌、益生菌等菌种发酵而成。这些对人体有益的细菌，我们称之为有益菌，这些有益菌进入人体后能提高人体的免疫力，还能保护我们的肠胃。有些细菌还广泛地应用于临床药物抗生素、废水处理、生物发电等领域，为我们人类的发展做出了巨大的贡献。

　　当然，细菌还有另外一面，它是很多疾病的病原体，这些病原体能导致我们患上各种各样可怕、恐怖的疾病，比如破伤风、肺结核、淋病、鼠疫等。细菌的分布度很广，它依附在我们的生活用品上、潜伏在我们的饮用水和食物里，还有些隐藏在空气中，伺机侵入我们的体内，意图在我们的体内大量繁殖、产生毒素、杀死人体内维持正常生理平衡的细胞，导致我们生病甚至死亡。这些对我们有害的细菌被我们称之为有害菌。

生活中比较常见的有害菌有破伤风杆菌、大肠杆菌、肉毒梭菌、金黄色葡萄球菌等等。破伤风杆菌侵入人体会使我们得破伤风、大肠杆菌侵入人体会使我们腹泻、肉毒梭菌侵入人体会使我们神经系统受到伤害、金黄色葡萄球菌侵入人体会使我们食物中毒……

这些有害菌虽然数量庞大，带来的症状恐怖，但我们也不必太过恐慌，因为我们人体的免疫力足以杀灭大多数侵入人体、意图破坏我们身体健康的有害菌，至于剩下的少数，就需要我们采取各种措施全力防御了。再强大的敌人都有致命的弱点，只要我们抓住这些有害菌的弱点，它们就会脆弱得不堪一击。

细菌有一个非常致命的弱点，就是受不了高温。经无数实验证明，高温对细菌的杀伤力非常大，大多数菌种都会在100℃的环境内立即死亡，所以很多妈妈们都会将家里的毛巾、内衣、碗筷等日用品放到锅中蒸煮，这是一个非常有效的杀菌方法。

细菌对大自然、对我们人类，既有害处也有益处。我们不能片面的将细菌归为哪一类，它们也只是在履行它们的职责，就像自然界生物链中的每一个尽职的参与者一样。我们唯一能做的有两点：一方面是多多发现有益菌为人类所用；另一方面是好好锻炼身体，养成良好的卫生习惯，将有害菌消灭于无形！

目录

CONTENTS

目录

目录
CONTENTS

不分开的兄弟：硝化细菌

◎智智和爸爸一起在街上闲逛。

◎智智看到了两个牵手一起走的小朋友。

◎爸爸笑了起来。

◎智智有些吃惊。

不管做什么都在一起的好兄弟

　　在自然界，有很多细菌，不管是做坏事还是做好事，都是单独行动的，从来不会带上一个"兄弟"。但是，你们可能还不知道吧，有一种细菌却是两兄弟一起行动的呢！不管做什么它们都是在一起的，下面就

让我们来认识认识这两兄弟吧！

　　这对不管做什么都在一起，感情非常深厚的兄弟细菌叫硝化细菌。硝化细菌既然被称为兄弟，那它们的数量肯定就是两个啦，其中一个叫硝酸菌，我们称它为哥哥，另一个叫亚硝酸菌的，我们就叫它弟弟吧！由于硝酸菌和亚硝酸菌不管做什么都在一起，样子又长得差不多，人们就给他们取了一个统一的名字，叫做硝化细菌。不过，虽然硝酸菌是哥哥，但是在做事的时候，硝酸菌一点也不会表现出哥哥的样子，硝酸菌一般是不会打头阵的，都让给弟弟亚硝酸菌来做，当弟弟处理到一半的时候它才会出来。

　　硝化细菌是一种非常喜欢氧气的细菌，只要有氧气的地方都有它们的影子，包括一些水中和沙子里面。另外，由于硝化细菌的身材很苗条，人们也常常叫它们杆菌。

硝化细菌给我们人类带来的帮助

小朋友应该都知道水族箱吧？水族箱里面有很多各种各样的鱼，还有水草和石头沙子什么的，那简直就是大海的缩影，可漂亮啦！那你们知道吗？鱼能在水族箱里面生活，和硝化细菌有很大的关系呢！要是没有硝化细菌，我们根本就不可能在水族箱里面养鱼呢！自然也就不能看到那么漂亮的水族箱美景了。

水族箱里面的鱼、草以及鱼吃的饲料和它们所排出的粪便都能产生一种物质，叫氮元素。氮元素是一种非常常见的物质，要是缺了它，蛋白质根本就无法形成。

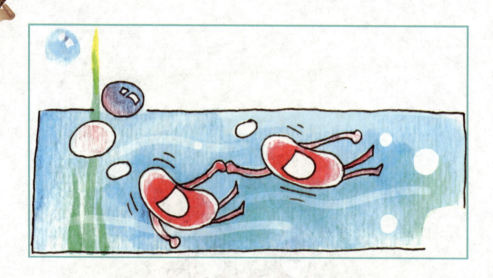

那么，这些由鱼、草以及鱼吃的饲料和它们所排出的粪便，产生出的氮元素最后去什么地方了呢？嘿嘿，我来告诉你们吧，这些氮元素都被一种叫做腐生细菌的细菌给分解了，这些有机的氮元素就变成了无机的氨。哈哈，是不是还有些看不懂？那我就来给大家打一个比方，这个比方很简单，希望大家一眼就能看懂。这就好比一条刚死去的鱼，最开始的时候还没有臭，但是过了不久之后它就臭了，这就是腐生细菌搞的鬼，臭鱼所散发出来的味道也是氨的味道。这种叫做氨的物质对水族箱里面的鱼的危害是很大的，要是不及时处理的话，可能还会要了鱼的性命。既然后果这么严重，那它们是怎么活过来的呢？

这多亏了硝化细菌呢！当碰到氨的时候，硝酸菌和亚硝酸菌这两兄弟就要开始工作啦！首先，由弟弟亚硝酸菌把氨氧化成亚硝酸盐，之后，再由哥哥硝酸菌把亚硝酸盐氧化成硝酸盐。弟弟分解出来的亚硝酸盐其实也是有毒的，但是比氨的毒素要小很多，而经过哥哥氧化之后的硝酸盐是没有毒的，不仅没有毒，还是水草很好的肥料呢！

硝化细菌能在水里自由活动吗？

硝化细菌生活在水里面，它们当然也是最会游泳的细菌哦！就像2008 年北京奥运会的游泳冠军菲尔普斯一样，硝化细菌也是细菌界的

游泳冠军呢！

当硝化细菌原本待的地方没有"吃"的东西，或者周围的环境突然发生变化的时候，它们就会离开原来栖身的"家"，去到另外一个有丰富"食物"的地方，从新安家。

要是硝化细菌在水中遇到了一处自己喜欢的地方，而那个地方正好有什么固体物质的话，比如石头，它们就会分泌出一种物质，然后这种物质就会很牢靠地把硝化细菌粘贴到这个固体物质上面。渐渐地，这个地方就会形成一个很大的膜。这个膜叫做生物膜，可不要小看这个膜，它有能净化水的功能呢！

小链接

硝化细菌被科学家们分为自养型细菌，因为它们完全可以自给自足，不需要外界的帮忙。硝化细菌的身体构成是最简单的无机物，比如二氧化碳等。它们所需要的能量主要来源于氨和亚硝酸盐在被氧化的过程中所释放出来的能量。这些能量足够它们生活了！

硝化细菌的这种生存方式和水草很相近，但是不同的是水草依靠光能生存，而它们依靠的是化学能。

问问你的老师，硝化细菌最讨厌的环境是什么？

Ａ：氧气太多的地方。

Ｂ：有鱼类粪便的地方。

Ｃ：有水草的地方。

Ａ：错。

Ｂ：对。

Ｃ：错。

问：为什么硝化细菌讨厌有鱼类粪便的地方？

答：硝化细菌比较讨厌有很多鱼类粪便的地方，因为粪便越多产生出来的有机物就会越多，硝化细菌比较讨厌有机物。而且，要是有机物比较多的话，也会影响硝化细菌的繁殖和它们的成长哦！硝化细菌所安的"家"是没有鱼类粪便的呢！因此我们也可以在水中找到硝化细菌的影子。

能看不能吃的"金葡萄"：
金黄色葡萄球菌

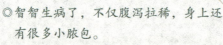

◎智智生病了，不仅腹泻拉稀，身上还
　有很多小脓包。

◎他赶紧跑到了医院，把自己涨了脓包
　的手伸到医生的面前。

◎医生仔细看了一番之后就说出了自己
　的见解。

◎智智听完惊呆了，他不知道，"葡
　萄"也能引起中毒。

金黄色葡萄球菌是什么样子的?

金黄色葡萄球菌,也叫金葡菌,金黄色葡萄球菌的样子就像一串葡萄,不过我们用肉眼根本就看不到,只能用显微镜才能看到,因为它实在是太小了,直径只有0.8微米左右。

虽然金黄色葡萄球菌里面也有"葡萄"两个字,但是大家不要着急，这种葡萄是不能吃的，吃了会中毒的，中毒了会生病，生病了不仅不能学习，还不能做好多自己喜欢的其他的事情了。

金黄色葡萄球菌分布的地方比较广，空气、水、灰尘，还有我们人类和动物的排泄物，这些东西里面都有它的影子，它是一个无处不在的可怕的坏蛋。金黄色葡萄球菌只要一进入我们的身体，所带来的症状我们是不能小视的。

金黄色葡萄球菌为什么会导致中毒？

其实，金黄色葡萄球菌本身是没有毒的，不仅没毒，金黄色葡萄球菌还能分解成葡萄糖、麦芽糖和蔗糖等一些有益的东西。金黄色葡萄球菌能分解成这么多东西，按理说，应该是好细菌啊，但是为什么还是说它是坏细菌呢？原因是金黄色葡萄球菌还会分解出一种叫做肠毒素的东西。

肠毒素能破坏我们消化道中的蛋白酶，然后蛋白酶再影响我们的肠道神经，从而刺激我们的呕吐神经，让我们的肠道生病。可能正是因为这个原因吧，人们才说它坏。

肠毒素一直躲在金黄色葡萄球菌的里面，但是肠毒素要生长的话，就需要一定的条件，那就是温度。一般，适合肠毒素生长的温度是三十七度，要是温度越高的话，肠毒素就越容易生成。在通风的地方，或者氧气比较少的地方，也很容易生成。另外，当金黄色葡萄球菌进入一些水分多含蛋白高的食物里面的时候，肠毒素也能很快就生成和释放出来。

金黄色葡萄球菌中毒发生的季节一般是春季和夏季。所以，在这个季节段的时候一定要好好注意保护自己，千万不要感染金黄色葡萄球菌

而中毒了。

要是得罪了"金葡萄"，会出现什么样的情况？

金黄色葡萄球菌进入我们的身体之后，我们就会感到特别难受，开始会特别恶心，然后就会呕吐，把那些吃的好吃的都吐出来，然后就是拉肚子，大拉特拉。呕吐，会将肚子里的东西都吐光，吃的吐完了就吐

水，水吐光了，最后还会吐出胆汁！天啊，这是有多可怕！拉肚子的时候，干得拉完了就拉稀的，最后拉出了水来。另外，还伴有一定的头昏、头痛和浑身发冷的症状。要是病情严重的话，呕吐和缺水会让身体失去很多水分，最后可能还会造成衰竭和虚脱。不过不用担心，只要早

点去看医生，一两天就好了。

　　不过，不要因为看医生很快就能好就对它不在意，其实，金黄色葡萄球菌最喜欢的是免疫力不强的小朋友，也可能就是正在看书的你哦！金黄色葡萄球菌不仅喜欢跑到我们的身体里来，还会在我们的身体里面胡作非为，诱发我们肺部的炎症，这种炎症就是金葡萄球菌性肺炎。要是得了这种炎症，可能会出现如下情况：在病发前一个礼拜左右的时间里，皮肤会出现化脓的情况。过后的几天还可能出现上呼吸道被感染的症状，而且，身体还会突然发热，出现心跳加速和咳嗽等情况。这个时候，就证明金黄色葡萄球菌已经进入我们的肺部了，必须马上去医院。

小链接

　　要想不被金黄色葡萄球菌感染，可以学着预防，以下是预防的方法，大家可以看看。

　　在温度低和通风条件比较好的地方储存食物，不给金黄色葡萄球菌感染体内的肠毒素跑出来的机会，在春、夏季的时候，不管吃什么食物，一定要加热，千万不要怕热，因为生病了比天气热本身更难受！

　　金黄色葡萄球菌也有害怕的东西，这些东西是红霉素、庆大霉素和新型青霉素，还有新型抗生素等，我们可以用它们来对付金黄色葡萄球菌。

师生互动

　　问问你的老师，下面三种类型食物，哪种不容易感染金黄色葡萄球菌？

　　A：蔬菜类，油菜、花菜等。

　　B：高蛋白质食物，包括，奶和鸡蛋等。

　　C：含大量淀粉的食物，油炸类食物。

　　A：对。

　　B：错。

　　C：错。

　　问：蔬菜类的食物价值到底有多高？

　　答：蔬菜中含有大量的水分，含水量一般占蔬菜本身的70%～90%。我们在判断蔬菜的营养价值的时候应该看其含有的维生素的量是多少。颜色越深的蔬菜营养价值越高，这些营养价值一般是维生素B、C与胡萝卜素。营养价值高的蔬菜一般有小白菜、空心菜、雪里蕻、卷心菜、香菜，等等。

好坏好坏的结核分枝杆菌

◎智智和爸爸正在看电视。

◎电视里突然出现了一个啤酒肚的中年
人，中年人捂着肚子很痛苦地呻吟
着，智智哈哈大笑了起来。

◎爸爸也为智智的天真感到好笑。

◎智智又开始好奇了。

可怕的结核分枝杆菌

　　在以前的一些年代里面，因为医学不发达，有很多人得了病都无法去医治，结果只好活活等死。其中有一种被称为痨病（也称结核病）的疾病，古代的医生通过很多的努力都没有查出原因，因此，痨病夺去了很多人的性命，这在历史上都是有很多记载的。后来，当医学发达的时候，人类终于知道了痨病是什么原因导致的，接下来就让我们来慢慢了解。

　　导致人类患上痨病的是一种叫结核分枝杆菌的细菌。结核分枝杆菌很小，通过肉眼根本就看不到，需要借助于显微镜。结核分枝杆菌的体型让人感觉很可恶，因为它们这么坏，居然还长得那么健康。结核分枝杆菌长得很细很长，有的有些弯曲有的又很笔直，它的两头圆圆的。

一般的细菌生长的速度都比较快，大概在二十分钟左右之后就能繁殖出下一代了，但是结核分枝杆菌却要等14～20个小时左右之后才能繁殖。但是结核分枝杆菌的生存能力很强，几乎在任何环境下都能生存，连零度以下的温度它都不怕呢！

嘿嘿，不过，结核分枝杆菌还是有害怕的东西，这些结核分枝杆菌害怕的东西是湿热、紫外线和酒精。

结核分枝杆菌不仅可怕，还特别可恨，因为它的感染和致病能力超级强，我们人体除了头发和指甲还有牙齿之外，其余地方几乎都躲不过结核分枝杆菌的侵袭。这些逃不过结核分枝杆菌最容易感染的地方，就是我们的心脏和肺。据调查，感染了结核分枝杆菌的人，百分之八十的人都患有肺结核病。

我们是怎么招惹结核分枝杆菌的？

结核分枝杆菌最主要的感染途径是通过呼吸道传播。我们说话或者打喷嚏甚至咳嗽的时候，我们的嘴巴里面就会喷出一些小唾液，结核分

枝杆菌就藏在这些小唾液里面，这些小唾液叫做微滴核。医生研究发现，我们每咳一次嗽，就会有至少 3500 个微滴核被排出来，我们每打一个喷嚏，排出来的微滴核更惊人，大概是 100 万个。想想，这真的是太可怕了！以后，做这些动作的时候一定要注意呢！

　　不过，结核分枝杆菌不是什么时候都会攻击人类的，只有当我们在生活中不讲卫生，过度劳累，不照顾好自己的身体身体免疫力下降的时候，就是结核分枝杆菌攻击的最佳时间。所以，在平时的生活中我们一定要注意，千万不要感染了结核分枝杆菌，我们应该让自己有一个健康的身体，那样我们才会更快乐。

结核分枝杆菌给我们人体带来的影响

　　结核分枝杆菌进入我们的身体之后，并不是马上就开始行动的，因为它们会遇到一个非常强劲的对手，这个对手就是吞噬细胞。吞噬细胞

是我们身体的守护者，它的主要工作就是吞噬那些侵犯我们身体的坏细菌。当细菌出现的时候它们就会立刻扑上去咬住它们，然后把它们吞噬并消化掉。不过，吞噬细胞的能力并不是都是那么强大的，这要取决于我们自身的身体。

换句话说就是，你身体的抵抗力要是强的话，吞噬细胞的杀菌能力就强，吞噬细胞就能打败结核分枝杆菌。要是你的身体抵抗力弱的话，吞噬细胞的杀菌能力就弱，结核分枝杆菌就会打败吞噬细胞。因此，有一个健康的身体是很重要的哦！

当结核分枝杆菌打败吞噬细胞之后，就会在我们的身体里面四处奔走，去寻找那些新的组织和细胞，以便扩散自己的领地。找到新的组织和细胞之后，结核分枝杆菌会以最快的速度去感染它们，让它们坏死。然后，再继续感染其他细胞和组织，这样，感染了结核分枝杆菌的患者就很难痊愈。所以，我们一定要远离这种讨厌的细菌！

小链接

结核分枝杆菌的家族成员很多，群体很大。它们的类型分为人型，鸟型，牛型以及冷血动物型等。这些类型中，只有人型最坏，因为只有它才会攻击我们人类。另外，牛型其实是很无辜的，是因为人们的粗心大意才使它们随着牛的乳品进入我们人体的，和它们本身并没有直接关系。但是，牛型结核分枝杆菌的生命力非常强悍呢！千万不可小觑呢！

师生互动

结核分枝杆菌虽然厉害，但是它也有害怕的东西呢，问问你的老师，下面三种选项，哪一个才是结核分枝杆菌害怕的东西？

A：狂犬疫苗。

B：链霉素。

C：乳酸菌。

A：错。

B：对。

C：错。

问：能抵抗结核分枝杆菌的链霉菌是怎么出现的？

答：链霉菌是一个叫华斯曼的美国人发现的，人家用了好几年时间呢，特别辛苦！这种链霉菌能抑制结核分枝杆菌的扩散。另外还有卡介苗和异烟肼，这些都对结核分枝杆菌有一定的抵抗力。因此，在生了类似的疾病的话，可以使用这几种药物。

让食物变质的四联球菌

◎妈妈给智智做了很多好吃的，智智准备大吃特吃！

◎智智正准备吃的时候，突然外面响起了强强叫他出去玩的声音。

◎智智就马上丢下碗筷出去了，妈妈叫他都叫不住。

◎晚上回家的时候，智智把中午没有吃的东西拿出来准备吃，发现食物上面已经有了一层白色的毛，聪明的智智知道这个是不能吃了。

让食物长白毛毛的究竟是什么东西啊?

　　这个让智智的食物长白毛的东西究竟是什么啊?我现在就来告诉你吧,这个东西叫做四联球菌,是食物们最害怕的一种细菌!

　　如果你留意了生活中的细节就会发现,只要是到了气温高的夏天,

水果和一些吃剩下的剩饭和剩菜要是保存不当的话，最快几个小时，最短一两天时间就会发出臭烘烘的味道，根本就没法闻，更别说吃了，只有被倒掉了。

食物们出现的这种现象我们一般称之为变质，通俗话叫馊了，或者坏了。

这些"好事"就是四联球菌干的！四联球菌是一种腐败菌，是一种坏细菌，这种细菌很喜欢一些高蛋白的食物，比如鸡鸭鱼肉和牛奶还有蛋等一些蛋白量比较高的食物。

四联球菌很微小，直径只有 0.5～2 微米，四联球菌还会沿着平面分裂，分裂之后四个细胞就会连在一起，呈现出一个田字的形状。顾名思义，就叫四联球菌了。

四联球菌是怎么"工作"的？

四联球菌是一种喜欢氧气的细菌，不惧怕干燥，最适合四联球菌生存的温度是二十五度到三十七度的环境中，四联球菌广泛散播于我们人和一些动物的身上，在水中和植物还有食品中，四联球菌们也大量存在，是一种非常典型的食物腐败性细菌。

只要某一个环境适合四联球菌生长，四联球菌就会疯狂得生长和繁

殖。在繁殖的过程中，四联球菌还会分解出一些乳酸，这些乳酸会把食物中的蛋白质，糖类以及脂肪都分解掉，然后再生成硫化氢和磷化氢等

带有酸味和臭味的气体。就这样，食物在这样的气氛上就会失去它原本所具有的弹性和韧性了，本来光鲜的颜色也会慢慢变得不那么光鲜，这就说明，这个食物已经变质了，坏了，馊了，不能吃了。尤其是一些高蛋白食物，四联球菌肆虐的速度更快。这些高蛋白食物也是四联球菌最喜欢的。

被四联球菌感染的食物不能吃！

被四联球菌感染的食物是不能再吃的，不仅已经变质，外观不好看之外，连原来的味道也消失殆尽，更别提什么营养价值了，并且，还含

有一定的毒素，要是我们吃了，轻则生病住院，重则死亡入土。所以，为了健康，我们千万不能吃变质了的食物。

四联球菌在食物变质的过程中会产生很多毒素，要是不小心食用了四联球菌，这些毒素也会进入我们的体内。这些可怕的毒素会在我们的体内繁殖，我们的肠道会受到感染，进而就会出现发热，呕吐和腹泻等症状，这些症状也被称为消化系统疾病。

要是呕吐和腹泻的次数太多了的话，还可能会导致虚脱和全身无力等症状。个别比较严重的患者还可能会出现血液下降以及循环衰竭的情况。

感染四联球菌之后，年龄越小的人发病的几率就越高，病情也更加严重，因为相对于年龄较大的人，年龄较小的人的免疫力和抵抗力都比较弱。

看到了吧，吃了变质的食物，就会出现这些可怕的症状，因此，为了自己的健康，千万不要吃变质了的食物。要是有些隔夜了的食物在有效的保护措施下，看不出来有什么毛病，在食用的时候也一定要加热，千万不能冷吃。因为四联球菌实在是太可怕了，在低温度的地方也能繁殖，有效地加热，四联球菌才会被杀死。

小链接

有些食物有时候一顿吃不完，又不想浪费，就想留着下一顿吃，为了不被四联球菌感染而浪费，我们应当学着对吃不完的食物做一些保鲜工作。

最简单的方法就是把没有吃完的食物放在冰箱里面去冷藏，因为四联球菌在零度的时候是很难繁殖的；

在食用之前可以将食物加热，这样可以杀死一些四联球菌，因为四联球菌惧怕高温；

最后还有一种方法就是采取暴晒的方法让食物变干，只要没有水分四联球菌就无法生存了，这种方法一般是制作牛肉干和萝卜干的时候才用，使用这种方法做出来的食物一般会保存很长一段时间。

师生互动

问问你的老师，除了呕吐和腹泻之外，下列哪一项疾病也是四联球菌引起的？

A：癫痫。

B：胃癌。

C：脑膜炎、肺炎。

A：错。

B：错。

C：对。

问：四联球菌为什么会引起脑膜炎和肺炎等疾病？

答：四联球菌是我们人体上呼吸道的正常寄生菌，当我们的身体抵抗力和免疫力下降的时候，四联球菌就会让我们生病，感染者一般会患上脑膜炎，肺炎，以及心内膜炎等疾病。

世界上最古老的生物：甲烷菌

◎智智又有问题要问爸爸了。

◎爸爸看着好学的智智卖起了关子。

◎智智想了想，就抬起头告诉了爸爸。

◎爸爸笑了起来，否决了智智的说法。

甲烷菌是这个世界上最古老的生物

　　甲烷菌是一种生长在水草茂盛的池塘里面的一种非常细小的细菌。据科学家研究发现，甲烷菌是这个世界上最古老的细菌，在地球还没有诞生的时候它就已经出现了。甲烷菌对生存条件的要求不高，就算没有氧气，它也能生存，不像我们人类，没有氧气就生存不了。它们主要依靠生存的物质是碳酸盐和甲酸盐等物质，只要吃了带有这些物质的东西，他们就可以填饱肚子了。另外，甲烷菌还很喜欢待在泥泞和沼泽等地方，这些地方经常都能碰到它们的影子。

甲烷菌吃的东西比较杂，比如我们倾倒在水里的剩饭剩菜，岸上掉下去的树叶，杂草，甚至我们人和动物排出去的便便，都是甲烷菌的食物。随着时代的发展，工业越来越发达，我们人类所建造的一些工厂所

排出去的废水也越来越多，垃圾也越来越多，不过，这些都成为了甲烷菌的美味食物。在填饱肚子的同时，甲烷菌还帮助我们保护了环境。真是一个有益的细菌啊！其他的细菌可没有这个功能呢！

哈，看来，甲烷菌真是一个好细菌，一点也不挑食。那么小朋友们，在生活中，你是否挑食呢？

甲烷菌还能制造能源

甲烷菌的体内有很多很多的沼气，沼气的主要成分是甲烷。甲烷没有颜色，也没有味道，不过是一种非常理想的气体燃料，当与足够的空

气混合摩擦之后就会燃烧起来，产生火。有一项计算是这样的，一立方米的纯甲烷的发热量大概是 34000 焦耳，一立方米的沼气的发热量大概

是 20800 到 23600 焦耳不等。这句话的意思就是，如果燃烧一立方米的沼气的话，它们所产生的热量就相当于 0.7 千克煤炭所散发出来的热量。换句话说，甲烷就像煤炭一样，可以帮我们做饭或者取暖。

除了沼气之外，甲烷菌体内还拥有一氧化碳和二氧化碳以及氢气等物质。这些物质虽然只占甲烷菌体内很少的一部分，但是它们都是很好的资源呢，而且还特别廉价，它们给我们的生活提供了很大的帮助。比如天黑了我们需要照明，饿了需要做饭吃以及打扫清洁卫生都要靠到它呢！由此可见，甲烷菌真的是一种很好的能源。

另外，甲烷菌还是一种非常理想的天然气体，它可以代替汽油和柴油。如果某一个生产酒精的工厂愿意把他们所生产的，两万吨的酒精的废弃液体用来生产沼气的话，那么他们就能得到一千一百多万立方米的沼气，你可不要小看这些数量的沼气，这些沼气相当于九千顿煤呢！

甲烷菌的未来走向

甲烷菌是这个世界上最古老的生物，如今地球上拥有了更多的高智商人类，虽然两者的生活并不会相互影响到对方，但是甲烷菌的未来又是怎样的呢？随着人类数量的暴增，以及人类道德素质的下降，地球上的资源变得越来越稀少，我们人类能使用的资源变得所剩无几。但是，我们人类的数量却在不断地繁衍着，世界上很多国家的政府首脑和有志之士都在担心，我们今后是否还能找到新的能源来给我们人类服务？

甲烷菌虽然在我们的视界里微不足道，但是却为我们人类提供了开发新能源的路。现如今，世界上很多国家的工厂和企业已经开始使用沼气代替燃料啦。在我们国家，也有很多农村新建了很多沼气池，依靠人工来培养沼气，为生活提供了很多便利和帮助。沼气的生成非常简单，而且就算购买也想当便宜，因此，在未来人类寻找新能源的路上，甲烷菌一定能占有很重要的位置，体现出它最大最大的价值，为我们人类谋福利！

小链接

1776年的时候，一位叫A·沃尔塔的意大利物理学家在沼泽池里面发现了沼气。

1916年，俄国一个叫做B·奥梅良斯基的人分解出了这个世界上第一株甲烷菌。截止到目前为止，世界上所分解出来的甲烷菌已经有二十多种了。

其实，在1860年的时候就有法国人制造出了世界上第一个沼气发生器，此后，从那个时候开始，沼气就开始衷心地为我们人类服务了。随着时代和科学地发展，沼气被使用的范围也变得越来越广。

 师生互动

沼气给我们人类带来了很大的便利，那么沼气在使用的时候会出现哪些情况呢？

A：会爆炸！

B：会生成氧气。

C：可以呼吸，因为它的好处太多了。

A：对。

B：错。

C：错。

问：沼气为什么会爆炸？

答：其实沼气爆炸的原因有好几种，其中一种比较常见的就是副压引起回火而引起的爆炸，这种爆炸一般都发生在新建立的沼气池中。另外一种比较容易引起爆炸的方式是操作不当，注意，在使用沼气前一定要注意正确的操作方式，平常要多检查，要是沼气爆炸了，会要人命的！因为沼气爆炸之后所带来的毁灭性和炸弹没有什么区别！这可不是危言耸听！

爱吃生物的细菌：放线菌

◎智智的小白兔生病死了，他很伤心地把它埋在了泥土里面。

◎不知道过了多久，智智想起了他死掉的兔子，决定去看看它。

◎智智来到了埋葬兔子的地方，看到那个埋着兔子的地方，智智很难过，他居然一时间没有控制住自己，开始在地上挖掘起来，想把兔子的尸体挖出来。

放线菌是一种什么样的菌?

　　放线菌也是细菌家族中的一员，放线菌之所以会叫做放线菌，是因为它的形状像辐射状的缘故。放线菌由一个细胞组成，因为它们的数量实在是太庞大了，因此，科学家们一般都把它们当作一个独立的菌群，以此来区分它和其他细菌的区别。

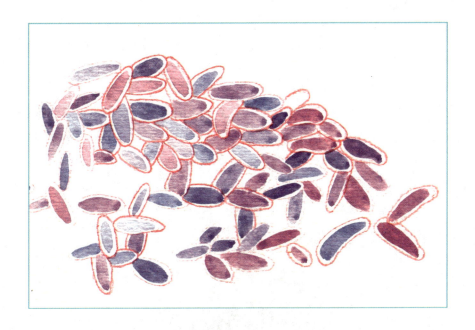

放线菌不像某些细菌一样，很快就会开始繁殖，放线菌要长到一定的阶段之后才会开始繁殖下一代。放线菌分裂出来的孢子不是一个样子的，有的长得像球，有的又长得像卵子。它们还能像蒲公英一样随着风一起漂移，要是遇到了合适的地方，遇到了合适的环境，它们就会在那里生存下来。

放线菌的繁殖能力很强，因此，它们分布的地方才特别广，比如水、泥土、落叶丛、油、海滨沙滩等，都有放线菌的影子。甚至，还有一部分放线菌也生存在动物和植物以及人体的某些组织里面。

放线菌这个独立的细菌家族很大，它的成员巨大，目前，人们能描述的放线菌就有两千多个。什么？两千多就觉得庞大啊？嘿嘿，其实这个数据还不及放线菌种类的百分之一呢！只是其余的我们人类还没有发现而已。

在土壤中的放线菌

放线菌虽然在水、泥土、落叶丛、油、海滨沙滩等地方都有身影，但是放线菌最主要的存在地方还是土壤中，而且还是通气良好，含水量比较低的土壤中。放线菌在这些土壤里面对土壤是有益处的，它能提高

土壤水分，还能让他们变得肥沃，为植物的生长提供了帮助和创造了条件。

那么，放线菌是究竟是怎么做的呢？嘿嘿，就让我们来慢慢的分析吧。当放线菌进入土壤之后，它们的菌丝就能产生很多很多种水解酶，

这些水解酶能降解土壤中那些不溶性的有机物质哦！这样做的好处是能获得细胞代谢时所需要的各种各样的营养物质，这些东西对有机物质的矿化有着很大的作用，还能提高土壤的级别，可以让这里的土壤和其他地方的土壤不一样。放线菌不仅能改变土壤，它们还很喜欢"吃"一些动物的尸体，它们把这些死去的动物"吃"掉之后，再把它们分解成某一种物质，对了，这种物质对植物和农作物的生长能起到很重要的作用，所以，也有人叫这种物质为"肥料"。

放线菌给人类做的贡献

放线菌不光能改变土壤的性质，更重要的是，它不同于其他细菌，放线菌对我们人体没有害处，更重要的是，在药物方面，放线菌同样能

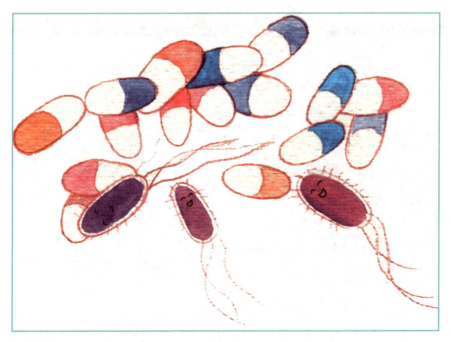

起到很多很重要的作用，这也是我们为什么说放线菌对我们人类做出巨大贡献的原因。

当我们生病去医院看病的时候，医生经常都会给我们开一些抗生素药：土霉素，四环素，红霉素，庆大霉素等。小朋友们可能不会知道，这些抗生素的主角就是我们今天所说的放线菌。不光是这样，放线菌还能生成和分解出蛋白酶以及葡萄糖异构酶等多种药品，这些药品，为我们的身体健康做出了很重要的贡献。要是没有放线菌的话，我们生了某些病的时候，可能要过很长一段时间才能好呢！

放线菌不光能给人类治病，还能给植物治病，当某些植物感染了酵母菌和原虫病等病原菌的时候，放线菌能对这些病原菌起到抑制的作用。另外，放线菌还能预防橡树立枯病，甘薯黑疤病和菊花黑星病等疾病。

小链接

放线菌是一种很好的细菌，但是它不像其他细菌那样躲得深，我们有办法能找到它们。

虽然放线菌只有用显微镜才能全部看到，但是在生活中我们也有办法找到它们。放线菌生长孢子之后，会变成白色的粉末状，因此，那些埋藏着放线菌的泥土表面就会出现白色的粉状的斑点，这些斑点会散发出农药臭味和土腥味，只要找到这些东西，就证明你已经找到放线菌啦！

bukexiaoshidexijun

师生互动

当我们把一些植物从土里面连根拔起的时候，往往会看到它们根部的那一个很大的类似"瘤子"的东西，问问你的老师，下面三种对"瘤子"的解释，哪一个是对的。

Ａ：植物生病了。

Ｂ：这是弗兰克氏菌引起的，对植物有好处。

Ｃ：植物"怀孩子"了。

Ａ：错。

Ｂ：对。

Ｃ：错。

问：为什么那个长得像瘤子的东西不是植物生病的表现？

答：那种现象是一种叫做弗兰克氏菌引起的，弗兰克氏菌引起的也是放线菌的一种类别。这些类似"瘤子"的东西能帮助植物吸收它们所需要的营养，而这些营养一般都存在在大气中。

让人拉稀的志贺杆菌

◎ 不知道怎么回事，智智又开始拉肚子了，今天这一天，他就跑了四五次厕所。

◎ 说着，智智就跑向了厕所，哗哗啦啦地拉了一通。

◎ 妈妈见智智拉肚子拉得这么厉害，还有些发烧，就开始担心他是不是得了什么病，就想带他去医院。

◎ 医生检查之后就告诉了智智结果。

让智智拉肚子的志贺杆菌是什么？

　　志贺杆菌病也叫细菌性痢疾，简称为菌痢，这是一种肠道性传染病，是由志贺杆菌引起的，主要发病季节是夏季和秋季。得这种病的一般以儿童为主，然后再是 20～39 岁的青年人，老年人一般很少得这种病。

相比如其他细菌，志贺杆菌并不是很厉害的杆菌，志贺杆菌进入我们人体之后，一般都会被我们的胃酸杀死。剩下的那些没有被杀死的，

也会受到其他杆菌的干扰，而失去它们本身的作用。不过，要是我们的抵抗力或者免疫力下降了的话，志贺杆菌就能在我们的肚子里面发挥它们的作用啦，所以，一定要注意好好照顾自己哦！拥有一个健康强健的身体是很关键的。

志贺杆菌不像其他可恶的细菌一样会进入我们的血液，当它进入我们的肠黏膜之后我们才能得病。志贺杆菌的致命物质是侵袭力和它本身所带有的内毒素。侵袭力就是志贺杆菌穿透我们皮肤细胞的能力，穿透进去之后再在我们的细胞里面为非作歹，另外，志贺杆菌的内毒素会主要攻击我们的肠黏膜，因为那里是最能致病的地方，内毒素会让我们的细胞坏死或者变形而导致溃疡和拉肚子。

这样，对于志贺杆菌来说，好像还远远不够，它还会继续攻击和占领我们的细胞。志贺杆菌会攻击我们的肠壁植物神经系统，使其功能发生改变与紊乱，甚至还会痉挛。这也是导致腹泻等症状的原因。看来，志贺杆菌真是坏得透顶啊！我们一定要远离它们，不然就麻烦大了！

志贺杆菌是从我们的嘴巴进入身体的

我们经常听到妈妈对我们说，病从口入，叫我们要好好爱惜自己的身体。志贺杆菌也一样，主要还是通过我们的嘴巴而进入我们身体的。主要的传播方式有以下几种：

通过食物传播。志贺杆菌隐藏在水果中的话，大概能存活 11 ~ 24 天不等。并且，志贺杆菌还能在某些食物上繁殖下一代，这些食物包括葡萄、黄瓜和西红柿等。要是在食用这种食物之前没有对食物进行好好地处理，是会感染志贺杆菌的。

通过水传播。志贺杆菌的生存能力很强，在三十七度的水中大概能生存二十天左右。要是井水和天然水还有自来水等我们人类食用的水源不小心被带有志贺杆菌的粪便感染了的话，被我们食用了，也是会感染上志贺杆菌的。

通过接触传播。志贺杆菌不仅在食物中的生存时间长，在桌椅凳子，门把手等常温下的物体上生存时间也不短，大概有 10 天左右。要

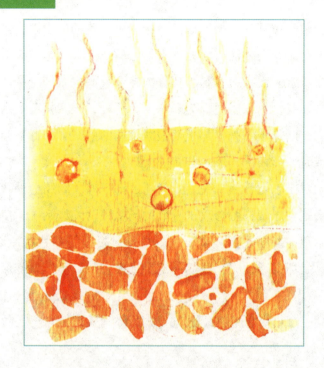

是我们的手不小心碰到了这些东西，而又在没有清洗的情况下就去拿吃的东西的话，志贺杆菌也会通过食物传播到我们的身体里面的。所以，在我们吃东西之前，一定要注意卫生，勤洗手。

感染志贺杆菌之后一般会出现什么样的状况？

志贺杆菌进入我们的身体以后会损害我们的结肠黏膜，然后导致我们出现发热、腹痛、腹泻、里急后重以及黏液脓血便等症状，还会出现充血、水肿、出血等渗出性炎症。感染志贺杆菌之后，志贺杆菌也有潜伏期，一般是几个小时到一周不等，但大多数的感染患者是一到三天左右。志贺杆菌的潜伏期和感染者的年龄大小，还有细菌的数量，以及他们的抵抗力都有关。因此，感染志贺杆菌之后，出现的症状都不一样，有轻有重。但是感染志贺杆菌之后，不管轻重，出现的症状普遍以发热、腹泻、脓血便等为主。

 小链接

志贺杆菌感染之后会不断地拉稀，实在是讨厌，因此我们要学着预防它们。

病从口入，在平时的生活中，我们一定要注意饮食卫生，在吃水果和蔬菜的时候一定要把它们清洗干净。尽量少吃一些凉拌菜，多吃熟食，上一顿的饭菜下一顿的时候再吃一定要加热。渴了一定要喝热水，千万不要喝生水，上完厕所之后一定要记得洗手。

平时，也要注意生活卫生。脏衣服尽量不要露在外面，如果来不及洗一定要装在桶里，洗的时候一定要洗干净，千万不要敷衍了事，那是和皮肤能直接接触的东西，洗了，一定要记得要清一次。自己玩的玩具和其他娃娃什么的，一定要记得定期消毒，如果发现不干净的物品，一定不要去接触，我们都是祖国的花朵，一定要好好照顾和保护自己。

师生互动

问问你的老师，下面对里急后重的三种解释，哪一种是对的？

A：头疼。

B：呕吐。

C：肚子不舒服，想排便却排不出来。

A：错。

B：错。

C：对。

问：里急后重具体是什么意思？

答：里是肚子的意思，后是肛门的意思。里急后重的意思是说，肚子很不舒服想拉大便，但是拉不出来，感觉便便就堵在肛门门口，很不舒服。通常这个时候，就要多吃一些水果和蔬菜类的包含了很多营养的东西了。

驰骋动物世界的恐怖 "杀手"：巴氏杆菌

◎智智发现自己养的小白兔最近很没有精神，总趴在地上一动也不动，把鱼放到它的嘴巴边它也爱理不理的。

◎这只小白兔是智智从七岁的时候开始养的，和它感情很重，现在它这样，智智别提有多难过了。

◎妈妈见了，心里很不是滋味，她也很喜欢这只小白兔，于是，妈妈决定带它去医院。

◎兽医给小白兔检查一番后很快就得出了结论。

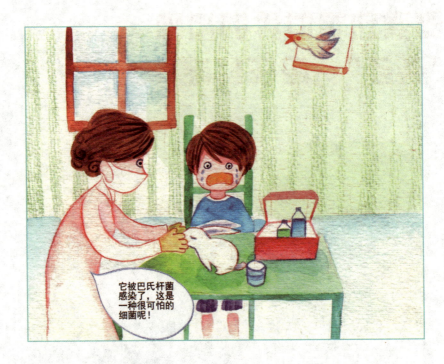

巴氏杆菌是什么细菌?

这种让智智的兔子得病的细菌叫巴氏杆菌。巴氏杆菌是一种非常细小的球杆菌，宽度只有 0.25 ~ 0.4 微米，长度只有 0.5 ~ 1.5 微米。巴氏杆菌在自然环境面前，生存力并不强，但要是在阳光下被照射，十五分钟左右就会死亡，要是放在一百度的开水里面，它会立即死亡。要是在土壤的表层里面，巴氏杆菌只能存活一个礼拜左右。看来，巴氏杆菌的生命是真脆弱啊！

你可能不会知道，在我们的世界中，有百分之三十到百分之七十的动物的鼻腔黏膜内和扁桃体内都有巴氏杆菌。

这些动物里面包括人、牛、马、兔子以及骆驼和羊等。是不是有些可怕？嘿嘿，无需可怕，它们虽然坏，但是并不是随时都在攻击我们的，也是有条件的。

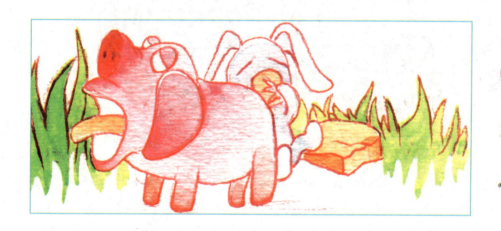

巴氏杆菌在什么样的情况下才会开始活动？

虽然巴氏杆菌分布群体和面积都比较广，但是，这并不可怕，因为，平时巴氏杆菌是不会乱来的，但是要是自然环境开始变化或者我们的身体的抵抗力和免疫力下降了的话，巴氏杆菌们就要开始活动了哦！比如气温变低，刮风下雨，空气潮湿的时候，它们就会开始活跃起来，因为这个时候，世界是属于他们的。因此，为了不让巴氏杆菌伤害我

们，我们一定要好好爱护环境呢！

这些恶劣的环境能诱发巴氏杆菌病，巴氏杆菌病又叫做出血性败血症。这也是一种可怕的传染病，这种传染病能通过消化道和呼吸道还有皮肤传播，另外，损伤了的黏膜，被吸血的昆虫或者蚊子叮咬了，也能传染上巴氏杆菌病。

人体和动物相比较，免疫力要高许多，因此，这种病多半是在动物之间传播，人体很难受到伤害和感染。经常受巴氏杆菌伤害的是猪、牛、羊、兔子以及骆驼等动物。

感染了巴氏杆菌的动物们都很可怜

感染巴氏杆菌之后，发病的时间不一定，有时急，有时慢，有时短，有时长，甚至有时候要等到过了五天或一周之后才发病，而且，各种症状也不相同。为什么巴氏杆菌会有这么多的差别呢？下面就让我们来看看它们不同的病症吧！

如果是按照急和慢来分的话，巴氏杆菌可以分成三种类型，分别是急性型、亚急性型和慢性型。当然，这三种类型表现的病症也不一样。

急性型的发病是突然的那种，发病之后体温会突然之间升高，食欲也会急速减退，还会出现腹泻和呕吐等症状，严重点的直接死亡。亚急性型的表现是肺叶充血，出血，肝变以及肺炎和肺部化脓等症状。慢性型的主要表现是鼻分泌物增加，咳嗽打喷嚏以及精神萎靡和食量减少等症状。

要是按照类型划分的话，巴氏杆菌可以分成多杀巴氏杆菌、溶血性巴氏杆菌。这两种杆菌都很坏，多杀巴氏杆菌会使鸡和鸭等动物发生禽霍乱，会使猪换上肺疫，还会使其他动物发生败血症，这些动物中包括牛，羊，兔子以及其他很多野生动物。溶血性巴氏杆菌会感染牛和羊等，让它们感染上败血症和肺炎。还能让这些动物们感染上胸膜肺炎。

由此可以看出，巴氏杆菌是一个十足的坏蛋，是驰骋在动物世界里

面的"无形杀手"啊，那些动物们要是感染上了巴氏杆菌，将是多么痛苦啊！

上面我们提到了败血症，败血症是一种非常可怕的病，下面我们就来慢慢讲解。

当一些坏的眼睛看不见的微生物进入我们的血液里面之后，我们的血液为了保护我们的身体健康，就会和这些坏的微生物发生一场战斗。要是这些坏的微生物碰运气把守护我们的血液打败了，那它们就会特别得意，然后就开始在我们的血液里面进行繁殖和扩散。然后，这些坏的微生物和毒素就会占领我们身上所有的血液。这就是我们所说的败血症。

问问你的老师，当我们可爱的动物感染上了巴氏杆菌之后，下面三个处理方法，哪一个是人道和合理的？

A：反正只是畜生，丢弃。

B：好好照顾，注射相应的药物，动物是我们的朋友。

C：为防止病毒的扩散，杀死吃掉。

A：错。

B：对。

C：错。

问：当我们可爱的小动物感染上了巴氏杆菌之后，具体应该怎么做？

答：如果我们可爱的小动物们不小心感染上了巴氏杆菌，要采用正确的注射方法，给它们注射氟哌酸或者庆大霉素以及青霉素等抗生素。注射时要采用肌肉注射治疗方法，注射之前要给它们的皮肤做药敏试验，然后再注射，那样，效果会更加好哦！不过，要是没有足够的经验和把握的话，为了小动物的安全起见，可以把感染了的小动物送到宠物医院或者兽医那里去进行治疗。

又想拿起又想放下的细菌：肉毒杆菌

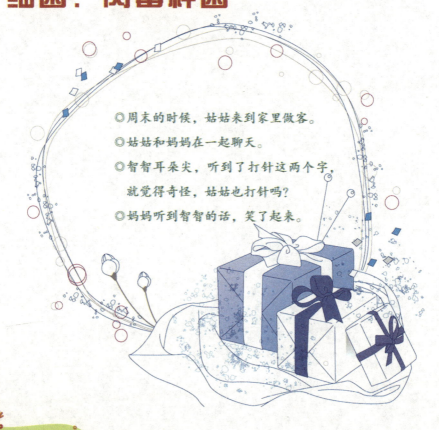

◎周末的时候，姑姑来到家里做客。

◎姑姑和妈妈在一起聊天。

◎智智耳朵尖，听到了打针这两个字，就觉得奇怪，姑姑也打针吗？

◎妈妈听到智智的话，笑了起来。

bukexiaoshidexijun

世界上毒性最强的杆菌之一：肉毒杆菌！

　　肉毒杆菌的形状就像一个网球拍，而且还是胖乎乎圆嘟嘟的。肉毒杆菌是世界上毒性最强的微生物之一。肉毒杆菌这个名字给我们的感觉好像是这种细菌就长在肉里面一样。其实不然，肉毒杆菌分布的地方很广，土壤中，泥沙里，以及水里面的沉淀物上，都有肉毒杆菌的影子。

一般情况下，肉毒杆菌都处于休眠孢子状态，或者隐藏在土壤里已经死了的动物的腐烂的尸体里面。可不要以为它们也像某些动物一样，拥有休眠期，它们其实是在等机会，它们会通过被外界污染的食物或者不小心碰到的伤口，从而进入动物的身体里面，造成感染，引发中毒，最后威胁被感染的动物的生命。

肉毒杆菌这种危险可怕的细菌一般都生长在极度缺氧的环境下，尤其是在罐头食品以及其他密封的腌制食物中，他有极强的生命力。

肉毒杆菌最喜欢的环境是哪？

肉毒杆菌是一种非常喜欢没有氧气的地方的生物，而我们人类的胃肠里，就正好是一个适合肉毒杆菌生存的良好环境，因此，肉毒杆菌就特别喜欢我们的肠和胃。但是对于我们的胃酸来说，肉毒杆菌并不是一个轻易就能被打败的敌人，因为肉毒杆菌的芽孢的抵抗力超级强。肉毒杆菌的芽孢是很难被杀死的，在拥有一百八十度高温的地方，最短五分

钟，最长十五分钟，它才会被杀死，一百度的话更要经过五个小时才能被杀死，可见，它的生命力是有多顽强。因此，胃酸不能打败它，也似乎能理解。

在没有氧气的胃肠里，不怕胃酸的肉毒杆菌就开始胡作非为了，它会分解掉我们体内的葡萄糖、麦芽糖和果糖，还能消化和分解掉我们胃肠里的肉渣，让我们排出来的大便变得恶臭无比。肉毒杆菌还会分泌出强烈的肉毒毒素，这种毒素会和我们肠道里的胰蛋白酶还有蛋白酶结合，从而产生毒性，毒性能导致我们出现呼吸困难、头晕以及肌肉和四

肢无力等症状。

　　肉毒杆菌的毒性真的是特别特别强，曾经有科学家统计过数据来证明这个理论：0.001 毫克的肉毒杆菌就有足够的毒性杀人了，1 毫克纯化结晶的肉毒杆菌毒素能杀死大概两亿只老鼠。天啊，这实在是太可怕了，为了身心健康，我们一定要远离可怕的肉毒杆菌！

什么？拥有如此剧毒的肉毒杆菌还能美容？

　　肉毒杆菌的名气很臭，几乎已经到了声名狼藉，罄竹难书的地步。不过，我们人类的科学也真是伟大，居然能通过技术手段，把肉毒杆菌

变成很多爱美人士都喜欢的一种"脱胎换骨"的药物，人们都已经到了争抢打这种药的地步。那么，这究竟是怎么一回事呢？

肉毒毒素是由胃肠道来吸收的，通过淋巴和血液才扩散到了我们的神经，这样导致的后果是，阻断了神经和肌肉之间的神经冲动，使我们过度收缩的小肌肉得到了一定的放松，这样，就达到了去除皱纹的效果。另外，肉毒杆菌还能"阻断"乙醯胆碱的释放，乙醯胆碱是一种化为物质，释放被"阻断"之后就能使我们的肌肉变得萎缩，从而达到雕塑线条的作用和目的。

就这样，只要拥有了肉毒杆菌就能想去皱纹就去皱纹，想把脸变成什么样就变成什么样，想要什么样的身材就要什么样的身材。每个人都想变得好看和美丽，而肉毒杆菌正好成为了这样的一个药物，所以，大家那么喜欢它，也就无可厚非啦！

小链接

就算肉毒杆菌能把一个人变得再美，但是它本身就是有剧毒的，这是一个无法回避的客观事实，要是肉毒杆菌被坏人利用了，就会变成可怕的生化武器。

肉毒杆菌所产生出来的毒素是一种致命的毒素，要是不小心被感染中毒了一般会出现这些症状：视力变得模糊，嘴唇变得干燥，浑身无力，呼吸困难等。

这些被肉毒杆菌感染之后会出现的症状让恐怖分子垂涎不已，他们经常用肉毒杆菌来制作生化武器威胁世界的和平。因此，在利用肉毒杆菌的时候一定要做好保护措施，不要让它们被那些心怀鬼胎的坏人夺去了。

师生互动

问问你的老师，下面三个选项，那个是正确的？

A：肉毒杆菌能吃。

B：肉毒杆菌能用来洗澡和洗脸。

C：肉毒杆菌能用来治病。

A：错。

B：错。

C：对。

问：肉毒杆菌如此剧毒，还能用来治病吗？

答：是的，肉毒杆菌能治病。肉毒杆菌被稀释之后，不仅能美容，还能用来治疗患有面部痉挛的患者。得了面部痉挛的人脸每天都在抽动，一天要抽好多次。这种病很难治，直到近年来专家们才发现，肉毒杆菌对治疗面部痉挛有很好的效果。据说有很多面部痉挛的患者在使用了肉毒杆菌之后，病症很快就好了。可见，肉毒杆菌的作用还真是多。

吃细菌的细菌：噬菌体

◎这天，智智又在和父亲一起看动物
　世界。

◎电视里面播放了一组青蛙的镜头，青
　蛙跳起来，一口就把一只在空中飞的
　虫子吃掉了。

◎这时候，爸爸突然又觉得是一个给智
　智长知识的好时候。

◎智智一下子就来了兴趣。

噬菌体究竟是怎么吃掉细菌的?

如果你看的课外书足够多的话,一定听过一句话,大鱼吃小鱼,小鱼吃虾米。这一句话很形象地写出了这个世界上的生存环境。同样,在细菌的世界里面,也有一种专门吃细菌的细菌,这种细菌就叫噬菌体。

噬菌体非常非常的小,长度大概是 $0.01 \sim 0.1$ 微米不等,形状就像我们平时在春天的水塘里面看到的小蝌蚪。噬菌体分布的地方非常广，人体和海水以及土壤里面都有它们的踪影。不要看噬菌体是如此微小，但是它的能力却是非常巨大的！噬菌体打败了很多很多的细菌呢！那么，它们究竟是怎么打败那些细菌的呢？嘿嘿，不要着急，让我慢慢来告诉你吧。

噬菌体吃细菌的秘密是这样的。噬菌体进入它们看中的目标之后，就会选择在里面扎根，把那里当成自己的家，然后在家附近开始"开垦播种"。它们会首先依附在细菌体上，然后把自己体内的DNA强行注

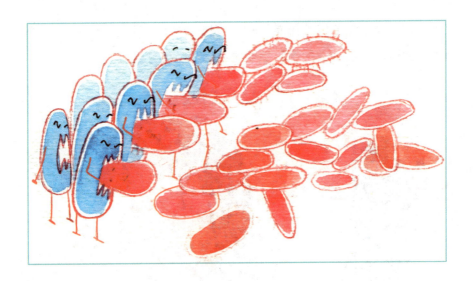

入到这些细菌的细胞里面。然后再通过DNA复制自己的组织，这样，那些被噬菌体看中的细菌就倒大霉啦。

虽然它们看起来和之前没有什么两样，其实那只是它们的空壳了，它们的体内早就已经被噬菌体占领了。最后，当到了一定的时候，噬菌体会把整个壳也连根拔起，这样，原来的细菌就完全消失了，噬菌体成功得夺得了它之前看中的领地。

噬菌体拥有两面性

噬菌体其实也有脾气，它们有时候的表现特别"温和"，但是有时候又特别地"暴烈"。因此，科学家们根据它们的表现和性情给它们取了两个不一样的名字，一个叫烈性噬菌体，一个叫温和性噬菌体。

烈性噬菌体进入细菌之后，就会开始大吃特吃细胞里面的营养，并能在很短的时间内就生出数百个的子代噬菌体，然后这些子代噬菌体一个就能感染一个细胞，感染之后再生产，再感染，就这样如此循环下去。这样，一个噬菌体大概能分解一百到一千个不等的噬菌体，直到最后被噬菌体看中的细菌的细胞破裂之后，噬菌体才会停止下来。

要是温和性噬菌体进入细菌的细胞之后，并不会马上开始行动，而是先慢慢潜伏下来。噬菌体不会着急着去攻击那些它们看中的细菌，反而还会和它们一起生存一段时间，那段时间是风平浪静的。不过，要是受到了外界辐射等物体的刺激和干扰的话，温和性噬菌体将不会再继续温和，而是会在毫无征兆地情况之下突然之间从细胞里面跳出来，细菌也会在噬菌体跳出来的那一刻宣布死亡。

又好又坏的噬菌体

噬菌体的发现是在距今大概 100 年左右的 1915 年，首先发现噬菌体爱吃细菌这一特点的是德国科学家弗雷德里克·图霍特和另外一个叫菲利克斯·德莱尔的科学家。当时，这两位科学家就在猜测，是否可以用噬菌体来消灭那些对人体健康有害处的细菌？并开始了行动。

经过研究发现，他们发现了噬菌体最爱吃的一些细菌是痢疾杆菌，

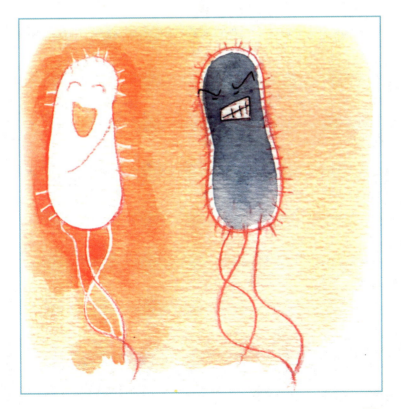

水稻白叶细菌以及乳酸杆菌等细菌。现在，噬菌体已经被越来越多的医生用到了工作中。当我们不小心被烫伤或者被烧伤的时候，医生就会把噬菌体注射到我们的伤处，这样，伤口就会好得快一些。因为那些在我们受伤的时候攻击我们的坏细菌都被噬菌体吃掉了。

不过，噬菌体是特别贪吃的家伙，在吃一些坏细菌的时候，它们也会把我们身体里的一些对我们人体有益的细菌也一起吃掉，真是让人又爱又恨！现在，某些发酵工厂最讨厌的就是噬菌体了，因为他们要是在生产抗生素或者酒等东西的时候，不小心跑进来了一点噬菌体，那就只有从头再来过了。因为有了噬菌体，他们之前做的工作都白费了，你说它们生气不生气？

小链接

你可能还不知道把，噬菌体其实还有一个很大的特点，这个特点不是太好，噬菌体本身可不是很喜欢这个特点，因为这个特点会让噬菌体死亡，那就是寄生性。说白了，就是，只有依附于细菌的细胞噬菌体才能生存，要是一离开细胞，噬菌体的生命也就该结束了，一般再活个几天，噬菌体就该归西了。

师生互动

噬菌体是很脆弱的，只要没有了寄生物体，噬菌体就会很快死亡。以下三种是保存噬菌体的方法，问问你的老师，这三种方法哪一个是对的？

　　A：放到被窝里面。

　　B：放到比较冷的环境里面，因为噬菌体不怕冷。

　　C：露在空气里面。

　　A：错。

　　B：对。

　　C：错。

　　问：怎么做，噬菌体才能长期保存？

　　答：噬菌体其实是很不怕冷的，就算在零度以下它也能完好无损地生存着。噬菌体最喜欢的温度是干冰温度（－70°）和液氮温度（－196°）。不过，要是在四度左右的环境里面好好密封着，噬菌体可以保存很长时间呢。不过要记得，在保存噬菌体的时候，一定要记得，要加上甘油和血清等保护剂哦！

制醋能手：醋酸梭菌

◎在吃晚饭的时候，智智的父亲一边吃着老醋花生一边喝着小酒还一边给智智讲着自己小时候的故事。但是好奇心很重的智智对父亲小时候的故事不感兴趣。

◎父亲笑了笑，然后摸着智智的头。

◎智智表示很难相信，他不知道辛辣闻起来很呛鼻子的酒还能变成醋。

◎父亲又吃了一粒老醋花生，嚼在嘴巴里，露出很满足的微笑。

醋酸梭菌到底是啥玩意？

做过饭的小朋友都知道，在做鱼的时候，只要在锅里放一点醋，鱼的腥味就不会那么重，放了醋的鱼做出来也更加好吃。其实不光是鱼，有很多菜都是那样，只要放入了醋，就会比不放醋更加鲜美。看到这里，很多小朋友可能就要问，这么厉害的醋到底是怎么来的呢？嘿嘿，那现在就让我们来慢慢解开吧！

醋酸梭菌的发现要追溯到几百年前的 1856 年。那时候，在法国的某一家酒厂里面发生了一个从来都没有出现过的怪现象——酒在空气中自然变成了醋！这一个现象引起了很大的讨论，这一场讨论是历史性的，因为它会影响我们人类几千年的生活。当时，有很多科学家都认为，酒之所以会变成醋是因为酒吸收了散布在空气中的氧气所导致的。但是最终还是一个叫巴斯德的科学家得出了能说服所有人的结论，酒变成醋是醋酸梭菌在起作用。

醋酸梭菌非常喜欢氧气，它散布在伟大的自然界中。醋酸梭菌很微小，长只有 1.5～2.5 微米，宽 0.8～1.2 微米。不要看不起醋酸梭菌这么微小，要是酿醋的时候离开了它，醋还真酿不出来。

醋酸梭菌是如何把酒变成醋的？

醋是酒变成的，那就要先酿酒。首先，要把大米和高粱等一些酿酒的原料通过加工变成葡萄糖，然后再把葡萄糖变成酒精。这时候，我们

平常所说的酒就酿造成功啦。但是要想把酒变成醋，就还需要一步，这一步是至关重要的。我们把醋酸梭菌放在酒里面，但是要在空气非常流畅的情况下，因为这样才能方便醋酸梭菌的繁殖和扩散。醋酸梭菌生长和繁殖之后醋酸梭菌就变多了，然后酒精就在醋酸梭菌的作用下变成了

一种叫乙酸的化学物质，乙酸也熟称醋酸，这时候，你就能喝到你想要的醋啦！赶快尝尝吧，是不是很美味？

以上就是酒变成醋的过程。

虽然醋酸梭菌一直是酿醋的好帮手，但是酿酒的师傅一点也不喜欢醋酸梭菌。酿酒师傅总是把装着酒的桶盖得严严实实的，不要一点醋酸梭菌进来。因为酿酒师傅要的是酒，要是醋酸梭菌进来了，酒就变成醋啦，就和酿酒师傅想要的东西背道而驰啦！

醋酸梭菌给我们生活带来的帮助

经历过炎热的夏天的小朋友们都能明白，在炎热的夏天的时候一般都没有胃口吃东西，这个时候，只要你吃一些用醋腌制或者调制的东西

的话，比如老醋花生，比如用醋腌制的黄瓜，你就会胃口大开了，你肚子里的食欲就会被瞬间勾起来，接下来你吃什么都是香的！

醋不光能让我们没有食欲的时候给我们开胃，还能帮助我们消化，能让我们更多的吸收隐藏在食物中的营养。同时，醋也有一定的消灭有害细菌的能力，只要我们肚子里面拥有了醋，醋就能杀死隐藏在我们肠子里面的葡萄球菌和大肠杆菌等一些对我们身体有害的细菌。醋还能把我们身体里的一些不必要和多余的脂肪给消耗掉，可以防止我们长胖。更重要的是，醋还能抵抗衰老，扩张我们的血管，降低我们的血压，防止心血管等疾病的发生，对我们的健康起到了非常重要的作用。

小链接

什么情况的时候不能吃醋？

醋虽然是很好的东西，但是不是什么时候都可以吃的。下面就给大家介绍一下，在一些什么情况下不能吃醋。

患有胃酸和胃溃疡等一些和胃有关的病的时候也不能吃醋，因为醋会损坏胃黏膜和加重胃病的发展和扩散，尤其是胃酸，醋能让胃酸液过多的分泌。

当你生病了，在吃药的时候不能吃醋，不管是中药还是西药都不能吃醋，因为醋会影响这些药物药性的发挥，要是在吃药的时候你也吃醋的话，你的病会好的很慢。

还有一点就是患有骨折的人，尤其是老人，更加不能吃醋，因为醋能让骨头软化，会加重骨质的疏松，骨折更加难好。

问问你的老师，下列三个人，是谁发明的醋？

A：巴斯德

B：杜康

C：黑塔

A：错

B：错

C：对

黑塔是谁，他是怎么发明醋的？

答：传说，黑塔是杜康的儿子，杜康是发明酒的人，而黑塔又在其父亲发明酒的同一年发明了醋。有一天，黑塔喝了很多的酒，就迷迷糊糊地睡着了。在睡梦中，黑塔梦见一个白胡子老头对他说，你可以品尝下你酒缸里面的东西了。醒来以后，黑塔觉得很奇怪，酒缸里面不是只添加了几瓢水吗？但是当黑塔把酒缸里面的酒舀起来喝的时候，发现很酸很酸，非常好喝。于是，黑塔和父亲就给这个东西取名叫醋。

狡猾可怕的坏蛋：破伤风杆菌

◎这天，智智正在高高兴兴地上课，突然他感觉浑身不舒服，为了抑制痛苦他闭上了眼睛，紧紧咬住牙齿。但是接着，智智就感到痛苦难耐，接着他就倒在地上，发起了抖。

◎老师和同学立刻手忙脚乱地将智智送到了医院。在去医院的路上，智智依旧非常痛苦。

◎经过医生的诊断之后，智智终于没事了。

◎智智很惊讶，他第一次听说破伤风杆菌这个词。

这个让人难受痛苦的家伙到底是啥玩意？

　　这个让智智在课堂上难受进医院的家伙叫破伤风杆菌，破伤风杆菌是一个非常可怕的家伙，它非常喜欢黑暗。破伤风杆菌不像其他杆菌一样喜欢寄存在人的身上，它们一般都寄存在黑色的土壤里面。人类一般不觉得它们会出来害人，但是，破伤风杆菌就像某些人一样会钻空子，要是破伤风杆菌钻空子，害起人来了，那结果将是致命的。

破伤风杆菌很细很小，长大概为 4~8 微米，宽大概为 0.3~0.5 微米，周身长满了鞭毛。破伤风杆菌是讨厌氧气的细菌，它对营养的要求不高，很容易生存。要是埋在土里面，破伤风杆菌至少可以存活十年，就算在煮沸的开水中，破伤风杆菌也能存活 40~50 分钟。

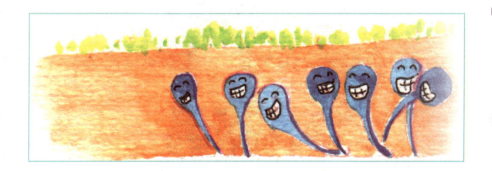

这个狡猾的家伙到底是怎么进入我的身体的？

破伤风杆菌进入我们的身体并不是像大肠杆菌一样病从口入，而是在我们不小心受伤之后，破伤风杆菌就会悄悄地从我们的伤口进入我们的身体。要是我们受伤的伤口有坏死的皮肤组织、血块充塞和局部缺血等症状的话，破伤风杆菌是最高兴的，因为这样就会形成一个局部缺氧的环境，而这样缺氧的环境就是破伤风杆菌最喜欢的环境，在这样的环境下，破伤风杆菌就能想干吗就干吗了！

但是，破伤风杆菌本身其实是不能致病的，它会在我们身体上迅速地繁殖出大量的细菌，然后再通过这些繁殖的细菌产生破伤风痉挛毒素和破伤风溶血素。破伤风痉挛毒素和破伤风溶血素是拥有剧毒的毒素，

它们的毒素很强，传播速度快，一旦被感染它们就会用最快的速度遍布到我们的神经和脊髓还有脑干等处，常常都会危机被感染者的生命。

感染破伤风杆菌之后的反应

破伤风杆菌不仅生性狡猾，而且生命力还超级强，进入我们身体之后，破伤风杆菌们一般不立即开始行动，它们要潜伏一段时间。潜伏的时间有长有短，最短的是二十四个小时，最长的是几个月，甚至好几年。但是，破伤风杆菌如果越早开始行动，被感染者就越容易生病，危险和病情也就更加危险。

被破伤风杆菌感染之后，身体会感觉到严重不适，最开始的时候只是感觉浑身无力和头晕，还有头疼，然后就是烦闷不安和打呵欠。接着就会出现强烈的肌肉收缩症状，接着又会发现自己张口非常困难，然后

颈子和背部还有四肢都会出现痉挛症状。这种症状的表现是双手握拳、两臂变得坚硬，脑袋向后仰着，浑身的肌肉会发生持续性收缩和阵发性痉挛，更严重一点会变得呼吸困难，甚至立即死亡。

这种现象就是我们平时所说的"破伤风！"

打击破伤风杆菌最好的武器

虽然破伤风杆菌看起来很可怕，但是我们伟大的人类已经找出了面对破伤风杆菌的方法，感染破伤风杆菌之后，不用再感到害怕了。因为人类研制出了破伤风杆菌最害怕的东西，就是一种简称为TAT全称为破伤风抗毒素针剂的药物。

只要感染了破伤风杆菌的身体注射一剂破伤风抗毒素针剂，感染者体内的破伤风毒素就不会再继续作乱，也不会再致病了。因为破伤风抗毒素针剂具有中和作用。

虽然破伤风抗毒素针剂是破伤风杆菌的克星，也具有非常神奇的作用，但是破伤风抗毒素针剂并不是所有的身体都能使用和接受。对于破伤风抗毒素针剂不兼容的那些身体，破伤风抗毒素针剂不仅不中和破伤风杆菌，还有可能会引起身体的不舒服，加重原来的病情，所以，在使用破伤风抗毒素针剂的之前，医生会首先在你的皮肤上做试验，看看你的皮肤是否适合破伤风抗毒素针剂。医生会先在你的皮肤上注射一点破伤风抗毒素针剂，然后再进行观察，要是过了一段时间之后，没有什么其他不良的反应，医生才会给你注射破伤风抗毒素针剂。

下面这几个防止破伤风杆菌而处理伤口的方式，哪一个是对的？

　　A：让伤口暴露在空气中。

　　B：使用双氧水清理伤口。

　　C：在伤口处涂红药水或者碘酒等消毒药。

　　A：错。

　　B：错。

　　C：对。

受伤之后为什么要在伤口处涂红药水或者碘酒等消毒药？

　　答：受伤后，用红药水或者碘酒涂抹在伤口处，能对伤口进行简单的消毒，这样，伤口能好得快一些。但是要注意，涂了药之后要用一块纱布轻轻包扎，并每隔十五分钟左右之后对包扎处进行放松和结扎，这个过程要进行 2～3 分钟。然后 1～4 天之后就要换一次药，这样做的原因是不给破伤风菌创造适合其生存的环境，同时也是一个防止肢体缺血坏死的措施。

变化多端的青霉菌

◎ 智智放学后飞跑到家里，他已经饿坏了，在厨房里到处找吃的东西。

◎ 智智在厨房里面找到一个果盘，上面有好几个橘子，他随手拿起一个，他发现上面有几个小霉点，犹豫了一下，但是他很快又剥开吃了下去。

◎ 但是没有超过一个小时，智智就感到肚子剧烈地疼了起来，然后又变得恶心，想拉肚子。

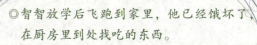

你这是青霉菌中毒，就是你吃的橘子上那个小霉点导致的。

青霉菌到底是什么啊？

青霉菌是什么啊？

青霉菌的分布比较广，一般存在于土壤、空气和腐烂了的水果和蔬菜还有肉制品里面。青霉菌是一种长得像椭圆形或者短柱体的菌体，有光滑的也有粗糙的。青霉菌在大批生长的时候，它的颜色是蓝绿色的，

分支也特别茂盛，形状就像一把扫把一样。

　　青霉菌进入我们体内一般是通过气流进入我们的呼吸道，然后再通过呼吸道进入我们的身体里面，扩散到身体的其他位置。另外一种方式就是通过皮肤的接触和传染，只要我们的身上出现了伤口，青霉菌就会迅速地攻击我们的伤口，然后再以最快的速度抢占领地，扩散到身体其他神经和组织。

　　青霉菌抢占领地的方式是这样的：青霉菌只要一进入我们的身体之后就会迅速扩展和培养孢子，然后这些孢子以最快的速度生长，只需要一到两天的时间，这些孢子又会生长出新孢子。然后这些孢子又像水一样随着血液遍布到我们的全身，到达我们的脑和心脏还有皮肤以及其他一些地位，严重地威胁了我们的健康。

不小心吃了青霉菌之后会有什么结果？

在生活中，我们经常都能看到腐烂了的橘子皮，它的上面有一层青绿色的毛，这其实就是青霉菌干的好事，这种青霉菌叫橘青霉菌。要是我们不小心把这种青霉菌吃进我们的肚子里面的话，那你可就遭了，因为它会开始慢慢"祸害"和"折磨"你的肾和胃，然后你就会呕吐和拉肚子，还能让你的肾变得肿大，肾小管扩张变性和坏死等严重危害身体健康的症状。

青霉菌就像《西游记》里面的孙悟空一样，拥有 72 般变化。青霉菌能变成各种各样多重多样的毒素，这些毒素里面包括冰岛青霉和扩展青霉，还有橘青霉和鲜绿青霉等，这些毒素都非常可怕。它们的毒素不一样，作用也各异。这就是我们为什么说青霉菌严重危害我们身体健康的原因和理由。因为它实在是太可恨了，"兄弟"那么多。

黄绿青霉菌对我们的神经和肝脏还有血液都有害，还能导致我们的干细胞萎缩和变形还有贫血，更可怕的是，它还会遍布到我们的外耳道和尿路还有皮肤和指甲等至关重要的地方。真的是太可恨了！

冰岛青霉素的身上带有肝毒性，要是感染了在很短的时间内就能引起我们的肝空泡变形和肝小叶出血，坏死等症状，甚至最后还会演变成肝硬化和肝纤维化还有癌变。

是不是很可怕！的确是这样，只要青霉菌一进入我们的身体，我们的身体就遭殃了！所以，我们不能小瞧青霉菌，在平常的生活中我们一定要注意，千万不要感染上青霉菌了！

青霉菌的另一面

就像大肠杆菌一样，有害的青霉菌在我们的生活中其实还是有好的一面的。科学家从青霉菌里面提取出了一种叫做青霉素的东西，青霉素是一个很强大的东西，是我们人类抵抗细菌性感染不可替代和缺少的。

青霉素是一种抗生素，是科学家从青霉菌的培养液中提炼研制出来的，它是专门消灭细菌的，细菌只要一遇到它，就会被杀得片甲不留，甚至连细菌的根也就是细胞壁都会被消灭得一干二净。

青霉素的发明要追溯到 1929 年的英国，发明这个伟大药物的科学家叫弗莱明。

青霉素刚出来的时候还不够完善，后来经过好几个科学家的研制和提炼还有强化，青霉素救了越来越多的人，能治疗的病也越来越多了，这其中包括肺结核，肺炎，脑膜炎，脓肿还有败血症等，这些疾病都非常可怕，除了青霉素之外是很难用其他药物根除的。

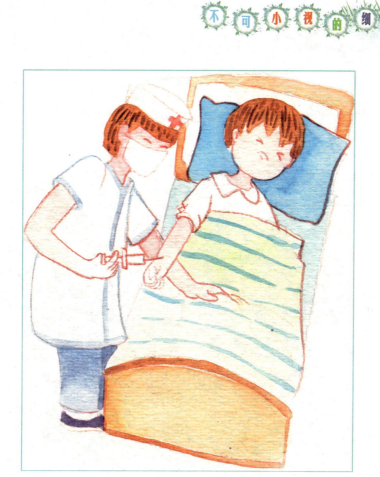

小链接

在文章的前面我们提到了孢子，现在就来给大家解释一下什么叫孢子。

孢子是一种细胞，非常微小，它的工作就是生产细胞。但是孢子也分无性孢子和有性孢子。无性孢子就是通过无性生殖产生的孢子。有性孢子就是通过有性生殖产生的孢子。

师生互动

　　问问你的老师，下面三种性质的水果，哪一种是不带有青霉菌的?

　　A：完好无损的水果

　　B：全部烂了的水果

　　C：烂了一半的水果

　　A：对

　　B：错

　　C：错

　　为什么烂掉的水果，不烂的部分其实也有毒?

　　答：很多人都走进了一个误区，就是觉得一个烂掉了的水果，只要去掉它烂掉的那一部分就可以了，剩下的好的还是能吃。其实这种做法是一点也不科学和保险的，因为水果腐烂之后，各种真菌，不管是有毒的还是没有毒的都会很快的散布到没有烂掉的那一边去，这其中包括我们说的青霉菌。所以，为了自己的身心健康，我们只吃那些完好无损光光鲜鲜的水果吧!

天然营养品：酵母菌

◎ 这天，智智陪妈妈一起看生活节目，电视里面的厨师正在表演制作面包。

◎ 智智看到厨师把一个很小的面团放进了专门制作面包的机器里面，过了一会儿，厨师把面包拿出来，智智看到，面包变大了。

◎ 妈妈知道智智想吃面包了，就去冰箱里面给他拿了一个。智智边吃边问妈妈电视里的那一幕是怎么回事。

◎ 妈妈笑了笑说，就告诉了智智原因。

纯天然的酵母菌

　　很多东西都是那样，我们不知道它，它却一直在我们身边，并一直给我们的生活带来好处和帮助。酵母菌就是这样的。很多人可能都不知道酵母菌是什么东西，但酵母菌其实一直就在我们身边，我们吃的火腿，方便面还有罐头什么的，里面都有它们的影子呢，也正因为有了酵母菌，我们吃的这些东西才会更有营养。

酵母菌是我们的肉眼看不到的，你只有通过显微镜才能看到。在显微镜下面，酵母菌菌体不仅大，还特别厚，而且形状也各不相同。有的是球状，有的是卵圆状，有的还是香肠状，等等。

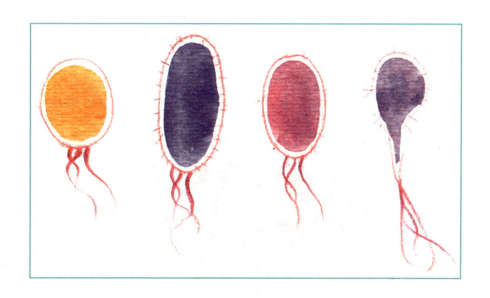

酵母菌也简称为酵母，酵母的外面包着一层非常厚的壳，这就是酵母菌的细胞壁。藏在里面的有很多种营养物质，比如蛋白质，比如微量元素，比如维生素B，等等。另外，还有一些鲜为人知的辅酶A和超氧化物歧化酶等酶物质。科学家们把这些物质统一称之为酵母抽提物。

酵母抽提物是一种非常理想的香料，它的体内还有非常纯的香味，与各种不一样的物质结合之后，会生产出很多不同风味的物质。我们打个比方，要是我们在某一个物质中添加上牛肉酶解物，那么这个物质就具有很浓很浓的牛肉味道啦！

酵母菌是一种非常有益的天然微生物，正因为有了它们，我们的所

食用的食物才会变得更加鲜美。同时，酵母菌也为我们的健康生活做出了很大的贡献哦！

烘烤食品里面的酵母菌

很多小朋友，早上去上学的时候都会吃面包当早餐，但是你们知道吗，面包这类烘烤食品中也有酵母菌呢！而且酵母菌还起到非常重要的作用。酵母菌起到什么样的作用了呢？让我们来逐条分析。

第一，酵母菌可以让烘烤类食品变得更松更软，这是因为酵母在面团发酵的过程中，产生了很多二氧化碳，而烘烤类食品变得又松又软正是因为有了这些二氧化碳。

第二，酵母菌可以让烘烤类食物变得更有营养，酵母菌携带的蛋白质等营养物质会在发酵的过程中进入食物体内。这样，我们不仅填饱了肚子，还吃到了非常有营养价值的食物。酵母菌真是好啊！

　　第三，我们前面刚才就说过，酵母菌能散发出香味，烘烤类食物在烘烤的过程中只要加入了酵母菌，就一定会散发出非常诱人的香味，哈哈，你是不是流口水啦！

酵母菌鲜为人知的另一面

　　酵母菌中还有另外一种非常喜欢吃蜡的酵母菌，这种酵母菌就是被称之为"石油酵母"的解脂假丝酵母和热带假丝酵母。解脂假丝酵母和热带假丝酵母就寄宿在石油中，它们为石油的开采起到了非常重要的作用。

　　石油里面的含蜡量是多少，直接影响到石油的质量。要是一辆在路

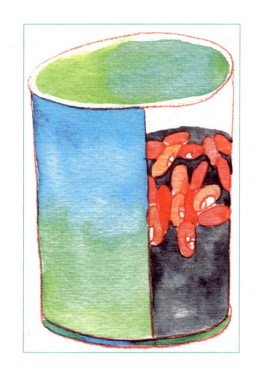

上奔跑的汽车使用的是含蜡量比较多的石油的话，要是在使用的过程中，蜡凝结起来了的话，就会堵住输油管道。想象一下，那将是多么危险的事情啊！而解脂假丝酵母和热带假丝酵母又是特别喜欢吃蜡的酵母，这就不难理解，为什么石油里面会有解脂假丝酵母和热带假丝酵母啦！

只要一进入到石油里面，解脂假丝酵母和热带假丝酵母就会开始大吃特吃蜡，把蜡吃得干干净净。这样不仅帮助了我们人类，还把自己吃得白白胖胖的，真可谓一箭双雕一石二鸟啊！

两外，还值得一提的是，到这里了，解脂假丝酵母和热带假丝酵母的功能还没有完，解脂假丝酵母和热带假丝酵母还会被制作成饲料，用来喂养农民的家畜。有一项研究表明，只要给猪食用半吨解脂假丝酵母和热带假丝酵母，猪就会多长 350 千克呢！

小链接

酵母菌的作用其实还有很多呢，另外一个非常伟大的作用就是，酵母可以抵抗肿瘤。那这究竟是为什么呢？哈哈，那就是酵母里面有多糖的缘故。

多糖可以刺激我们体内的免疫活性，还能够清除我们体内的毒素，控制恶性细胞的扩散，并还能让其消失或死亡。更重要的是，还可以将我们细胞吞噬细菌的能力提高到数十倍，甚至更多，并且还没有任何的副作用。因此，天然酵母多糖还有超级灵芝的称号。

考考你的老师，下面三种对酵母菌的发现的描述，哪一个是正确的？

A：酵母菌是从人类的粪便里面发现的。

B：酵母菌在几千年前就在被人类使用，1680年才被科学家发现。

C：上帝创造了世界，同时也赐予了我们酵母菌。

A：错。

B：对。

C：错。

问：酵母菌具体是怎么被发现的啊？

答：考古学家从埃及出土的古代面包房里发现，其实早在两千多年前古埃及人就已经知道利用酵母菌发酵和制作面包了。到了十三世纪的时候，这种技术才从古埃及传到地中海和其他地区。不过酵母菌的发现却是在1680年，一个叫列文虎克的科学家通过显微镜在啤酒中发现了酵母细胞，这个时候，人类才开始注意并广泛使用酵母菌。

让人好不舒服的鼻疽杆菌

◎智智最近喜欢上了看相片，在家里东翻西翻，想找一些以前的照片出来看。

◎智智翻到了一张爸爸小时候的照片，看到爸爸那青涩的模样，智智忍不住就笑了起来。

◎但是，智智突然发现，年轻的爸爸的鼻子上似乎流着一条黄色的水流。

◎爸爸看了看这张照片，有些不好意思地笑了起来。

鼻疽杆菌很折磨人

　　我想，每个小朋友都应该流过鼻涕吧？黄色的带脓的鼻涕就是感染了鼻疽杆菌的标志，这是鼻疽最明显的一个症状。鼻疽原本是马和骡子等一些牲畜之间传播的一种疾病，后来又经过擦伤还有呼吸道等途径传播到了我们人类的身上。

鼻疽之所以会出现完全是因为鼻疽杆菌搞的鬼，鼻疽杆菌和很多细菌一样，都特别微小，只有在显微镜下我们才能看清它们的样子。鼻疽杆菌的长度一般是 2~5 微米，宽度一般是 1~5 微米。鼻疽杆菌不像其他细菌一样，能活动，鼻疽杆菌是不能活动的，但是这并不是说鼻疽杆菌的毒性和害处就比其他细菌的小。

感染鼻疽杆菌之后会出现什么样的情况

鼻疽杆菌进入我们的上呼吸道之后，就会引起鼻疽。出现的症状是，鼻腔黏膜上有米状大小的结节，可不要小看这些东西，这些东西会引起鼻腔和口腔黏膜溃烂以及坏死等症状，不仅这样，腭和咽部也会形成溃疡，接着鼻孔就会流出非常脓和非常粘的鼻涕。这种症状就是感染

bukexiaoshidexijun

鼻疽杆菌之后出现的最主要的表现。

要是鼻疽杆菌进入了我们的伤口，我们就会感染皮肤鼻疽，感染的主要部位是手脚四肢和胸侧以及腹下等地方。感染了鼻疽杆菌的伤口会逐渐肿胀，形成局部肿胀，接着感染处就会坏死或者溃烂，从而导致浓汁流出，并形成溃疡。最后还会排出红色和灰白色的液体，非常难以愈合，更可怕的是，它还会向周围好的皮肤蔓延。

要是下呼吸道感染了鼻疽杆菌，就会出现肺鼻疽，肺鼻疽表现的症状是胸痛和干咳，胸部的呼吸会感到非常的困难，浑身还会感觉很不舒服，会出现发冷，头疼，以及呕吐和腹泻等症状。

通过上面的描述，你是否会发现，不管鼻疽杆菌从我们身体的哪一个部位侵入我们的人体，我们的健康和生活都会受到很大的影响，尤其是生活，最不方便。

其实，我们还算好的啦，最容易感染鼻疽杆菌的人群是和动物走得比较近的人，比如饲养员，比如屠宰场

的工作人员，比如牧民，比如兽医等等。这类人，经常受到鼻疽杆菌的折磨和骚扰，真够苦的！

鼻疽杆菌为什么这么厉害啊？它有什么魔力？

鼻疽杆菌对我们的人体伤害为什么这么大？它不是和其他细菌不一样吗，不能动，那为什么带给我们的伤害远胜过某些细菌呢？下面就让我们来慢慢讲解吧。

鼻疽杆菌进入我们的身体之后，就会在很短的时间里面产生内毒素，这种内毒素的名字叫做鼻疽菌素。鼻疽菌素是一种非常可怕的东

西，是一种能引起变态反应的一种蛋白质，被感染着会产生一些变态的反应。我们上面所说的反应就是这些。

鼻疽杆菌也是有潜伏期的杆菌，但是它的潜伏期并不稳定，有时候是几个小时，有时候又是两三个礼拜之后才开始发作。更可怕的是，有的感染者的病情发作时间还会更久，数月到数年不等，有的甚至还要等到十年过去之后才会发作，不过这种情况一般都比较少见。因此，根据鼻疽杆菌潜伏时间的长短，患者的病情也不一样。发作更晚的患者出现的症状也会更弱，病情也不是太明显。

不过，让人们不解的是，潜伏期比较久的慢性鼻疽杆菌，会经常发作，有时候好有时候坏，让人捉摸不透，被感染者的身上经常都带有鼻疽杆菌。这些顽固的鼻疽杆菌会随着人体的年龄增长，某些器官的死亡而死亡，但是有时候它们又能自己复愈。

哎，鼻疽杆菌真是一个捉摸不透的东西，就像川剧的脸谱一样，说变就变。真想一辈子也不看到它们，但是那是不可能的！哈哈。

你可能还不知道，鼻疽杆菌还有一个兄弟呢，它们的关系很不浅，这个兄弟的名字叫做类鼻疽杆菌。类鼻疽杆菌所引起的病情症状和鼻疽杆菌相似。

类鼻疽杆菌比鼻疽杆菌要小一些，它的长度只有 $1\sim2$ 微米，宽度只有 0.5 微米。不过它比鼻疽杆菌要高级一些，因为它能运动，侵入人体后能扩散。给人带来的麻烦一点也不亚于鼻疽杆菌。所以，当我们感染上鼻疽杆菌或者类鼻疽杆菌的时候，一定要尽快去医院看病，不然，会很难受的！

师生互动

　　下面三种措施都是预防鼻疽杆菌的措施，问问你的老师，哪一种是最正确的。

　　A：把那些感染了鼻疽杆菌的动物全部杀死吃掉，杜绝传染。

　　B：避免和感染者接触。

　　C：只是流鼻涕而已，没有必要去医院，浪费钱。

　　A：错。

　　B：对。

　　C：错。

　　问：只是不和感染者接触就可以不会感染上鼻疽杆菌了吗？

　　答：当我们身边有鼻疽杆菌感染者之后，就不要去和他们亲密接触，因为鼻疽杆菌能通过接触传播。另外，他们的排泄物和用过的东西也要远离，因为这些东西里面也带有鼻疽杆菌。

招惹疾病的恶魔：幽门螺杆菌

◎爸爸最近很不舒服，腹部经常疼，饥饿的时候非常难受。

◎开始的时候爸爸以为没有什么，过几天就好了，但是没过几天，症状就越来越严重了。

◎智智陪爸爸一起去了医院，医院经过检查之后很快就查出了病情。

◎好奇的智智又问开了。

幽门螺杆菌是一个什么样的细菌?

　　幽门螺杆菌生存在我们的胃黏膜上，不过不是什么好的细菌，不会为我们身体工作，相反，还总是破坏我们的健康。在我们的胃黏膜上只要待上几周或者几个月之后，幽门螺杆菌就会引发疾病，一般会引发慢性胃炎，或者浅表性胃炎。不过，这样还不算完，过了十几二十年之后，幽门螺杆菌还会继续破坏，把慢性胃炎或浅表性胃炎升级成胃溃疡，慢性萎缩性胃炎以及十二指肠溃疡等疾病。这还不是最可怕的，幽门螺杆菌还有可能会引发胃癌呢！啊啊啊！这实在是太可怕了，幽门螺杆菌真的太讨厌啦！

幽门螺杆菌不存在在其他地方，只钟情于我们人类。感染幽门螺杆菌的人很多很多，据统计，这个世界上的人类，大概有一半的人都感染有幽门螺杆菌。幽门螺杆菌同样也非常细小，要想发现他，只有求助于我们的显微镜了。

在显微镜下，幽门螺杆菌暴露无遗，幽门螺杆菌的长度只有 2.5 ~ 4 微米，宽度只有 0.5 ~ 1 微米，幽门螺杆菌菌体上还长有毛，不过不多，一只菌体最少两条，最多六条，不过鞭毛比较长，大概是幽门螺杆菌菌体长度的一到一点五倍，粗度大概为30纳米。

至于幽门螺杆菌为什么唯独钟情人类，我们的科学家们并没有找出原因。因为感染了幽门螺杆菌的人出现的情况并不一样，有的发病，有的安然无恙，就算发病，发病的情况也不一样。所以，无法定夺。由此可以看出，幽门螺杆菌真的是一个诡异的家伙。

幽门螺杆菌为什么不惧怕我们的胃内的保护神？

经过前面的一些内容讲解，我们知道，我们胃内有一种叫做胃酸的酸液，它的功能是消灭侵害我们胃的细菌。幽门螺杆菌就存在在我们的胃黏膜上，但是为什么没有被胃酸杀死呢？哈哈，不要着急，下面我们慢慢来说。

幽门螺杆菌在黏稠的环境里具有很强的运动能力，最主要的就是幽门螺杆菌菌体上的鞭毛，鞭毛不停地在摆动，就像脚一样，推动着幽门螺杆菌往前面走。鞭毛的运动速度很快，胃酸根本就无法追上。

幽门螺杆菌依靠鞭毛很成功地穿过胃部黏液层之后，鞭毛发挥的天地就会变得越来越大。

鞭毛会依附在我们的上皮细胞上，并与上皮细胞紧紧地连和在一起，当这个过程结束以后，幽门螺杆菌就算安了家了。胃黏液层上有一层保护屏障，在这样一层保护层的保护下，幽门螺杆菌是不会轻易随着我们的大便被排出体外的。

除了胃黏液层的那一层天然保护层之外，幽门螺杆菌还会自动生成另外一层保护层。这一层保护层是幽门螺杆菌分解出来的氧化物歧化酶和过氧化氢酶所形成的。就这样，在双层保护层的保护下，幽门螺杆菌很难在我们的体内消失，它们也更加嚣张跋扈，真是可恨啊！

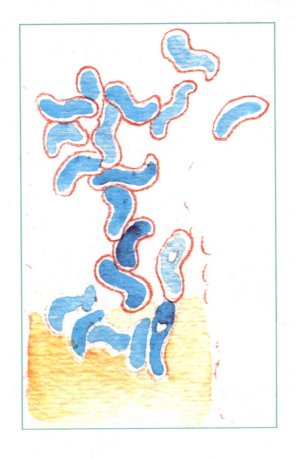

幽门螺杆菌能百分百引发胃癌吗?

　　前面我们有说，幽门螺杆菌可能会引发胃癌，胃癌是一种非常可怕的疾病，很难治愈，因此很多人都会觉得很可怕和担心自己某一天会感染上。为了让有这种担心和忧愁的小朋友不再继续讲解和担忧，我们现在就来详细地讲解下。

　　其实，幽门螺杆菌并不是让我们感染胃癌的罪魁祸首，虽然幽门螺杆菌本身就很坏，但是我们应该实事求是，不能冤枉它。

　　幽门螺杆菌的确有致癌物质，感染者有可能会导致致癌，因为幽门

螺杆菌会让我们出现萎缩性胃炎的症状，而萎缩性胃炎又特别容易转化成胃癌。因此，可以得出，虽然幽门螺杆菌能致癌，但是并不是直接，而是间接性的。

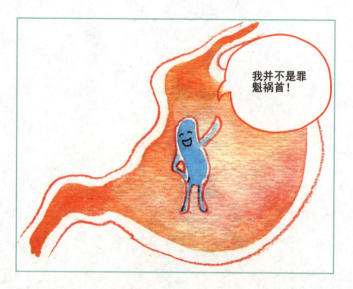

经过对胃癌的多年的研究，科学家们发现，一个人要是会感染胃癌，和很多方面都有原因，比如遗传，比如生活习惯等，幽门螺杆菌其实只是其中一个非常小的原因，我们没有必要太过担心。

小链接

幽门螺杆菌只钟情于人类，人是最主要的传染源，那么，我们如何杜绝或者说预防幽门螺杆菌呢？

幽门螺杆菌会通过食道反流进入我们的口腔里面，然后再强横地滞留在我们的牙菌斑里面，然后再通过口水传染出去。

在平常的生活中，我们聚餐或者亲吻的时候，要是不注意卫生，就会引起幽门螺杆菌感染呢！

　　了解幽门螺杆菌的传播途径之后，我们就要学着预防。在平常的生活中，要经常洗手和刷牙，保持个人卫生，吃饭的时候要独立餐具，不要和别人共用，另外，每顿吃完饭之后都要记得洗手。

 师生互动

　　幽门螺杆菌里面有"幽门"这个词，问问你的老师，下面对幽门的三种解释，哪一个是对的？

　　A：肠子的名字。

　　B：幽门螺杆菌的嘴巴。

　　C：幽门螺杆菌的肛门。

　　A：对。

　　B：错。

　　C：错。

　　问：为什么有一段肠子叫"幽门"呢？

　　答：在我们肚子里面，胃和十二指肠中间有一段肠子，这段肠子和幽门螺杆菌长得很像。就像儿子长得像父亲一样，因此，人们就给它取了一个名字，叫"幽门"。

细菌界的魔术师：铜绿色假单胞菌

◎ 电视里面正在上演刘谦的魔术，智智看得很开心。

◎ 爸爸看孩子这么喜欢魔术，意识到了这是一个给智智长知识的机会。

◎ 智智转过头来，满脸疑惑地看着爸爸。

◎ 智智点点头。

铜绿色假单胞菌是什么玩意？

因为铜绿色假单胞菌会流出铜绿色的液体，因此，这种细菌就取成了这个名字。不过，铜绿色假单胞菌还有另外一个名字，叫做绿脓杆菌。铜绿色假单胞菌这个家伙的生存力和抵抗力都很强，在 50 多度的

水中要经过一个小时候之后才能被杀死。而且，铜绿色假单胞菌分布的地方还特别广，水中，空气和土壤里面都有它的影子，它还会依附在我们和动物的皮肤上，以及呼吸道和肠道里面。

不过，铜绿色假单胞菌并不是随便进入我们身体里面的，只有当我们出现抵抗力变弱，长期使用抗生素或者皮肤被烧伤等情况之后，铜绿色假单胞菌才会进入我们体内，并在我们的身体里面"定居"下来。

不过，铜绿色假单胞菌虽然不像其他细菌一样很轻易地就进入我们的身体里面，但是铜绿色假单胞菌给我们带来的麻烦一点也不弱呢！

铜绿色假单胞菌就像一个魔术师一样，它能在我们的身上上蹿下跳，让我们浑身都感染，几乎没有一个组织和部位能逃过。铜绿色假单胞菌带来的感染包括呼吸道感染，心内膜感染，烧伤面感染，中枢神经系统感染等，严重一点的还会引起败血症。

看吧，没有说错吧，铜绿色假单胞菌就是如此可怕，因此，在生活中，我们一定要注意照顾自己呢！

铜绿色假单胞菌是怎么变出这么多疾病的啊？

铜绿色假单胞菌之所以会变出这么多疾病是因为它能分解出很多有毒的物质，这些物质都能让我们感染疾病。那究竟是哪些物质呢？这些物质又能给我们带来哪些伤害呢？下面就让我们来看看。

外毒素 A：外毒素 A 是铜绿色假单胞菌所分解出来的最致命的物质，这种毒素进入我们身体之后，一般会被我们身体里面的免疫细胞杀死，不过，正是它死后，它的毒素才开始扩散的。外毒素 A 所散发出来的毒素会让感染者体内的蛋白质合成受到阻碍，并让某些部位坏死，这样，身体上的其他部位就会被连锁感染了。

蛋白酶：铜绿色假单胞菌还会产生出蛋白酶，这种蛋白酶分成弹力蛋白酶和碱性蛋白酶，它们可以造成我们的皮肤和肺还有角膜坏死，另外，弹力蛋白酶还可以破坏我们的血管弹力层，让我们出现和坏疽等症状。当弹力蛋白酶和碱性蛋白酶和外毒素 A 同时存在的时候，就是铜绿色假单胞菌所散发出来的毒性最大的时候。

内毒素：内毒素能让人出现发热和低血压等症状，以及白细胞减少或者增多，还有弥散性血管内凝血等症状，严重的感染者还会患上败血症等症状。

铜绿色假单胞菌的体内还有磷脂酶和糖脂溶，这两种毒素可以破坏

我们的酯质和卵磷脂，造成我们的肺膨胀不全。另外，铜绿色假单胞菌还会产生出肠毒素，肠毒素会造成我们的组织破坏，还会在我们的体内散布细菌，严重一些的患者还可能会感染上坏死性肠炎。

如何对付铜绿色假单胞菌？

虽然铜绿色假单胞菌如此可怕，虽然铜绿色假单胞菌的生命力如此顽强，但是不要怕，我们人类是最伟大的动物，我们早就已经研究出了对付铜绿色假单胞菌的方法。

铜绿色假单胞菌非常惧怕红霉素，合成青霉素，罗红霉素等药物，这些药物都是铜绿色假单胞菌的克星，只要在感染处用以上所说的这些药物，那么，铜绿色假单胞菌就必死无疑。

　　上面我们也已经说过了，铜绿色假单胞菌是很可怕的，所以，为了不给我们自己找麻烦，在平时的生活中我们一定要注意清洁为生，要是不小心有了伤口，一定要好好清理它们。

小链接

铜绿色假单胞菌如此可怕，我们怎么才能发现它们已经跑到了我们的身上来了呢？以下就告诉大家一个从自己尿液里面检验铜绿色假单胞菌的方法。

用器皿接一杯自己的尿液，观察它的颜色，如果尿液是铜绿色的，就证明你已经感染铜绿色假单胞菌了，要抓紧治疗。如果肉眼观察不出颜色，就要通过实验来得出结论了。

把尿液调成三杯，分别是酸性碱性和中性，然后再把它们一起放到一间很黑很黑的房间里，再用紫外线对它们进行照射，如果其中任何一杯都发出了淡绿色的荧光，那就证明你患上了铜绿色假单胞菌，要抓紧时间去医院检查，不然病情会更加严重。

师生互动

问问你的老师，下面三种预防铜绿色假单胞菌的方法，哪一种是正确的？

A：病从口入，为了不生病，不吃东西。

B：空气是一种珍贵的资源，感染伤口之后应该暴露在空气中。

C：加强对口部和皮肤等地方的护理，预防疾病。

A：错。

B：错。

C：对。

问：面对疾病，预防是很重要的，那么，如何有效预防铜绿色假单胞菌呢？

答：在平时的生活中，要加强对口和咽喉部以及皮肤等地方的护理，不要让身体出现伤口。如果不小心出现了伤口一定要好好护理，注意清洁。时常都要涂抹药物，防止铜绿色假单胞菌的感染。

能吃的细菌：乳酸菌

◎每天早上，智智都会喝一瓶酸奶。他非常喜欢这种又酸又甜的东西。

◎有一天，爸爸拦住了正在喝酸奶的智智，想考考他。

◎智智歪着脑袋想了半天都没有想出来。

◎看着智智半天都想不出来，爸爸哈哈大笑了起来。

其实啊，酸奶之所以那么好喝，是因为加了乳酸菌。

智智，你那么喜欢喝酸奶，你知道酸奶是怎么做成的吗？

是变酸了的牛奶吗？但是为什么又那么甜呢？

能吃的细菌

我相信，很多人只要一听到"细菌"这两个字都特别厌恶和反感，因为都觉得细菌是坏东西。哈哈，其实并不是那样的，千万不要以偏概全，细菌也有好的，也有对我们的身体有益处的。今天，我们就来讲一个这样的细菌。

这个好细菌叫乳酸菌，对于乳酸菌的来历，一般有两种类型。第一种是动物源乳酸菌，简单点就是通过对动物来源的材料培养和分离出的一种菌种。另一种是植物源乳酸菌，顾名思义，就是通过对植物来源的材料培养和分离出的一种菌种。

乳酸菌是一种葡萄糖和乳酸在发酵的过程中所产生的细菌。乳酸菌的数量相当庞大，大得惊人，属性分为十八个，种类大概有两百多种。乳酸菌分布比较广的地方是我们人类身体的肠道中，乳酸菌是我们人类不能或缺的一种非常有益的细菌，它对我们很多生理功能都有帮助。因此，乳酸菌经常被人类当成绿色食品。人们食用乳酸菌的普遍方式是把它们加在泡菜酱油和酸奶等食物里面。

人类经常食用的乳酸菌种类一般是这几种：保加利亚乳杆菌，嗜热链球菌，嗜酸乳球菌，乳脂乳球菌，以及瑞士乳杆菌等。

乳酸菌的神奇之处

乳酸菌的数量的多少直接关系到我们的身体健康和生命的长短。曾经有一个获得过诺贝尔物理学奖的科学家的结论指出，乳酸菌就是我们人类的长寿菌。

乳酸菌通过发酵之后会产生有机酸和细菌表向成分等有益物质，这些物质都能刺激我们的身体，让我们的身体生长和发育。对我们的各种生理功能以及免疫力还有营养状态都起着非常关键的作用。

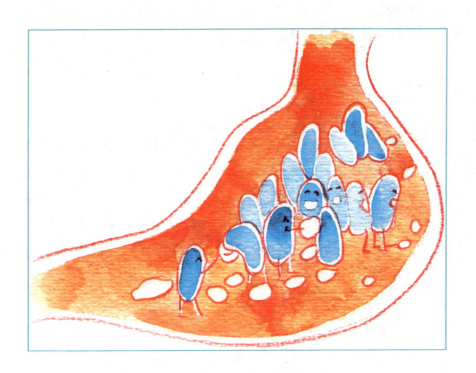

在我们的肠道里面，乳酸菌会产生大量的有机酸，这能降低我们的肠 pH，能改变我们肠道里面的环境。起到减少有害细菌的繁殖地盘的作用。还能通过对那些有害物质的成长的控制，起到驱散这些有害物质的作用，维持我们肠道里面的生态平衡，形成一道屏障，保护我们的身体，提高我们身体对抗病毒的抵抗力。

乳酸菌还能帮助我们的肠道消化，调整我们大肠和小肠的蠕动幅度，以方便我们肠道的工作，排出我们体内那些不必要的毒素，减少我们肠道的负担，保证了我们身体的健康。

乳酸菌还会依附在我们肠黏膜的上皮，和那些有害的细菌"争抢"我们体内的营养，并且还能通过肠壁的组织进入我们的血液和淋巴系统，以增加我们体内的白细胞间介素等物质，而这些物质能活化巨噬细胞，从而能提高我们人体的免疫反应，能有效地预防疾病。

以此可以见得，乳酸菌对我们人类的益处真的是太多太多啦，因此，当你的肠道不舒服的时候，就试着吃一些带有乳酸菌的东西吧。

乳酸菌的"战争"

前面我们已经说过了，乳酸菌对我们的肠胃有很大好处，但是乳酸菌要想到达我们的肠胃，可不是一件容易的事情，需要经过一场"战争"才能到达它们想去的目的地。

当乳酸菌刚一到我们胃里的时候，激战就开始了。乳酸菌的敌人是胃酸，胃酸是我们胃里专门负责杀死外来细菌的守护者，但是他不知道乳酸菌是好的细菌，因此就和它打了起来。在胃酸的强大打击下，普通一些的乳酸菌就可能会被消灭，但是那些活力比较强的乳酸菌是不怕胃酸的，它们往往能打败胃酸，然后到达我们的肠胃开始工作。乳酸菌的繁殖速度很快，当它们的数量变得庞大的时候就需要领地，乳酸菌为了自己的生存空间就赶跑了那些占着地盘的有害的细菌，从而保护了我们肠胃的健康。

如何研制出活力强的乳酸菌来给我们人类的身体服务，已经成为了很多科学家的研究任务和职业梦想。相信，在科学技术如此发达的今天，经过科学家的努力，终有一天，科学家们一定会研究出活力更强的乳酸菌。

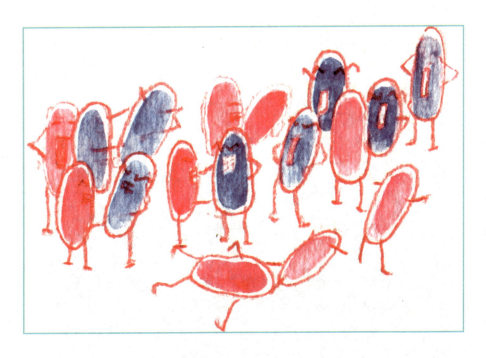

小链接

乳酸菌还能制作泡菜，泡菜不仅美味可口，还能给我们开胃，让我们能多吃一点饭，那么泡菜究竟是怎么做出来的呢？

萝卜和白菜都可以做成泡菜，要是你也喜欢吃泡菜，可以试着腌制下。首先，我们要把腌泡菜的坛子洗干净，然后再在坛子里倒上干净的冷水，再在坛子里面放上几块大的生姜和几十粒大蒜以及一些小辣椒。最后在坛子里面放入你喜欢的蔬菜，再加点食盐，基本上就完成了。然后再把坛子在温室里放上十几天之后，你就可以吃到香喷喷的泡菜啦！

问问你的老师，下面买酸奶的方式，哪一种才更合理？

A：只要是酸奶就无所谓，反正都是奶是，随便拿就是，不用在乎其是"乳酸"还是"乳酸菌"。

B：一定要注意外包装上的"活性乳酸菌"字眼。

C：超市都是正规合法的企业，买的东西都是合格的，不用在乎生产日期什么的

A：不合理。

B：合理。

C：不合理。

问：为什么买酸奶的时候一定要注意包装上的"活性乳酸菌"字眼？

答：因为活性乳酸菌比一般的乳酸菌的能力要强，不会轻易被胃酸杀死。只有喝了带有这种乳酸菌的酸奶，我们的肠胃才能得到保护，活性乳酸菌才能发挥其功效。

让脚发痒的白癣菌

◎ 智智最近得到了一双新鞋，他非常喜
欢，几乎每天都穿着它上学。

◎ 但是没过多久，智智就发现脚好痒，
难受得要命。智智没有办法，就只好
把鞋和袜子都脱了，然后用手拼命地
挠痒痒。

◎ 妈妈看见了，就走了过来告诉智智痒
的原因。

◎ 好奇心极强的智智又开始问了……

让我们的脚极痒极不舒服的坏家伙!

大家可能都有过一个经历,就是在天气比较热的时候,尤其是夏季,我们的脚就会特别痒,很难受,而且,就算我们怎么挠也没有办法。真是烦死了!今天我们要说的就是这个让我们的脚奇痒难耐的东西。

这个讨厌的家伙名字叫白癣菌，白癣菌可不是什么好东西，它不光能让我们的脚变得很痒，还能导致其他很多症状，让我们的脚越来越难受。感染了白癣菌之后，我们的脚板的皮肤会有很多细小的白屑掉下

来。脚掌心还会出现很多小水泡，水泡会慢慢的越来越多，最后会化脓和变红，水泡破了之后还会形成溃烂。脚趾的皮肤会变白，会有很多水渍，给人一种很潮湿的感觉，瘙痒感比较明显，那些变白的皮肤很容易

就掉落，掉落之后会露出肉，这些肉有的是红色的好肉，有的是腐烂了的烂肉。还有一些严重的感染者，皮肤会出现皲裂的情况，要是长久皲裂都不愈合的话，皲裂处又痛又痒，连走路都不方便。

但是，虽然白癣菌能给人带来这么多症状，但是被感染者一般都只记住了一个最强的症状，那就是痒！这是一件很痛苦的事情，因为，那种痒是要命的！你是不想记住也要记住。

白癣菌最喜欢的季节

有感染的白癣菌的小朋友应该都知道，白癣菌最出现的季节一般是夏季，只要一到了夏天，脚就来信号了，它要开始痒了。但是白癣菌为什么那么喜欢夏天呢？哈哈，其实原因很简单啦，因为白癣菌最喜欢的季节就是夏天，那时候天气又潮又热，是适合它们生存的环境。

相比其他的身体部位，脚心的汗腺比较多，一到了夏天，天气就变得炎热了，这时候脚部的汗液就能大量分泌了，如果这时候我们穿的是不透风的袜子和鞋子的话，脚部的温度就会变得越来越高，流出的汗就会越来越多，脚也就会变得异常地潮湿。这样的环境就是白癣菌最喜欢的，它们也很渴望这样的生活乐园，就像人类渴望太平盛世一样。

除了这个，还有一个很重要的原因。我们的脚部的皮肤和身体上其他部位的皮肤不一样，它们每天都在重复着新陈代谢的工作，任何时候都有已经死亡了的皮肤组织掉落，这些组织被称为角质层。角质层带有很高的蛋白物质，这也为白癣菌的成长提供了营养保障，它们根本就不用担心没有食物。就这样，白癣菌吃饱了就睡，睡醒了就继续繁殖下一代，渐渐地，我们脚底的白癣菌就越来越多。

但是，到了冬天的时候，我们脚就会变得冰凉冰凉的，白癣菌就渐渐消失了。不过，千万不要以为他们不存在了，其实它们还是存在的，

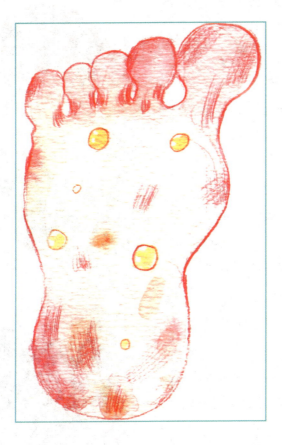

只不过躲了起来，躲在了我们脚部的角质层比较厚的部位，到了第二年夏天的时候，白癣菌们就又出来了，继续重复着它们去年的工作啦！

白癣菌是有多厉害？

感染白癣菌之后，会很痒，不过千万要记住，不要为了一会儿的舒服去抠脚，那样会传染到全身的，会让你全身都感染白癣菌。要是实在忍受不了，抓了脚的手一定要记得用肥皂清洗。白癣菌的食物来源是我们脚部皮屑的角质层，我们头发和脸以及手和手指甲都有角质层，它们

都能轻易进来，尤其是在汗流浃背的夏天，所以，一定要注意清洁卫生。

要是我们的手指甲不小心感染了白癣菌，我们的手指甲就会变得特别厚，还特别容易碎，这种症状叫做"手甲白癣"。要是头发被白癣菌感染，头发就会掉下一块块白色的白屑，这种症状叫做"头部白癣"。要是我们的手上不小心感染上了白癣菌，出现的症状被称之为"白癣菌"。换句话说，只要有足够的条件，白癣菌能存在在我们身体的每个部位。医生们将这些被白癣菌们感染之后出现的病状同意称之为"白癣"。

我们可以想象一下，不光是脚上，手上，头发上，脸上等地方都有白癣菌，那将是一副多么可怕的场面啊！所以，一定要注意卫生啊，抠脚了一定要记得洗手！

小链接

在白癣菌感染我们之前，我们一定学着预防它们。那么，有哪些预防的方法呢？

我们时刻都要保持脚部的清洁和卫生，鞋子要换着穿，不要总是穿一双鞋，也要经常洗，不要穿完了就扔在那里就了事。

要是你的脚部爱出汗的话，可以试着在鞋子里面撒上一些干燥剂或者足癣粉都可以。

另外，在选择鞋子和袜子的时候，尽量选一些透气和比较宽松的鞋子，保持我们脚底皮肤的干燥。

做到以上这三点，白癣菌基本上就不会找上我们了，就算找上，也不会那么猖狂。

师生互动

问问你的老师，下面三种"赶跑"白癣菌的方法，哪一个是错的？

A：用大蒜涂擦感染处。

B：用风油精涂擦患处。

C：使用其他感染者使用过的衣服等东西，以毒攻毒，杀死白癣菌。

A：对。

B：对。

C：错。

问：白癣菌还能通过接触传播吗？

答：这是当然的，只要使用患者使用过的东西我们就能感染上白癣菌病毒，这些东西都是平常生活中经常能见到的毛巾，衣服，脸盆等东西，所以在平常的生活中，一定要注意了，以免感染上白癣菌。

大肠杆菌来啦

◎ 智智刚放学，正高兴地走在回家的路上。

◎ 突然，智智感觉肚子里很不舒服，有什么东西在肚子里面翻江倒海，很难受。

◎ 智智焦急地跑到了路边的一个公共厕所，然后蹲在便池上，呼啦哗啦地把那一堆在肚子里面翻江倒海的东西排了出来。

◎ 智智觉得肚子里面轻松和舒服多了，但是让智智想不明白的是，导致自己拉肚子的到底是什么东西？

这个讨厌的家伙到底是啥？

那么，这个让人讨厌和不舒服的家伙到底是什么呢？哈哈，现在就让我来慢慢告诉你吧！

这个让人肚子拉稀的东西叫大肠杆菌。大肠杆菌之所以会待在我们的肠子里面，是因为我们的肠子对于它们来说是一个非常温暖和适合它们生长和繁殖的地方，里面有很多食物残渣，那些残渣是它们生存下去的条件。

其实，这些大肠杆菌还算本分的，它们基本上是不会干什么坏事的，但是这些大肠杆菌里面则有一些非常"特别"的大肠杆菌，它们总是在我们的肠子里面撒野，导致我们拉肚子。这些"特别"的大肠杆菌被称为"病原性大肠杆菌"。

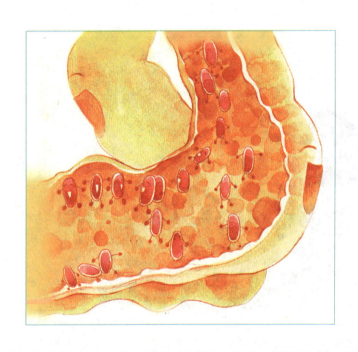

病原性大肠杆菌是一群非常让人讨厌的家伙，只要它们一进入我们的体内，就会开始它们的破坏性工作。病原性大肠杆菌会扰乱我们的细胞正常工作的状态，然后我们的大肠的肌肉就会严重收缩，收缩后的大肠就会推动着肠子里面的便便迅速地往外流。这样，我们就会拉肚子啦！

病原性大肠杆菌的生存能力是很强的，就算它们在煮沸的水中待十几分钟之后也不会完全地被消灭。病原性大肠杆菌在我们的肠子里潜伏

的时间一般是三至四天，但是有一些很厉害很坏的病原性大肠杆菌却要待上个八九天。

大肠杆菌是怎么进入到我们的身体里面的？

大肠杆菌是在我们的肠子里面发现的，这就说明，大肠杆菌是通过我们的嘴巴传入到我们的体内的。

大肠杆菌有很多各种各样的传播途径，这其中包括水和空气还有一些被污染的食物等，但是传播得最普遍的还是我们所吃的食物。这些大肠杆菌藏在食物里面，如果我们在吃之前不对我们的食物进行有效消毒的话，它们就会通过我们的嘴巴传入到我们的肠子里面，然后在里面生存和繁殖。这些食物包括我们吃的蔬菜和肉制品还有奶制品。

病原性大肠杆菌的生存力比一般的肠道杆菌的生存力要强很多，就算在水中病原性肠道杆菌也不会全部死掉，它甚至还可以利用那些被污染的水继续传播，所以，病原性大肠杆菌是一个很坏很讨厌的家伙！

另外，病原性大肠杆菌还有一个非常普遍的传播方式，就是我们人在相互之间亲密接触的时候它也会悄悄地从我们的身上跑到别人的身上去，这些相互之间亲密接触的方式包括拥抱和握手。但是你不用自责，不要担心我们的身上所携带的病原性大肠杆菌传染给了别人他们会和我们一样拉肚子，病原性大肠杆菌在传播的过程中它们的能力会慢慢地减弱，传到别人身上的时候，它们已经失去了很多在我们自己身上所拥有的那种能力。

它是我们的朋友，不要伤害它！

我们的肠子里面除了病原性大肠杆菌这种坏杆菌之外，还有一些好的大肠杆菌。那么，这些好的杆菌究竟干了些什么好事呢？现在就让我们来一步一步揭开吧。

这些好的杆菌不会像病原性大肠杆菌那样让我们拉肚子，想反，它们只会帮我们分解那些我们的肠子里面没有消化掉的食物和一些食物的残渣，帮助我们消化和吸收。不仅这样，大肠杆菌还能为我们合成维生素。另外，我们还可以利用大肠杆菌来制作一种胰岛素，这种胰岛素能治疗糖尿病。所以，我们不能伤害它们。它们是我们的朋友。

就像我们每一个人一样，病原性大肠杆菌有坏的一面，也有好的一面。在我们因为肚子痛拉稀的时候，病原性大肠杆菌就会随着我们的便便一起被排出来。这些随着便便一起出来的病原性大肠杆菌是没有毒了的，它们也就失去了再继续繁殖的能力了，我们就可以用这些病原性大肠杆菌来测量食物和水被污染的程度。如果我们在用病原性大肠杆菌测量出来的食物和水中发现了大肠杆菌的话，这就说明这些食物和水被人和其他动物的排泄物给污染了，是不能再直接食用的，因为对人体有害处。

小链接

防止拉肚子的方法

有过拉肚子经历的小朋友都知道，拉肚子是一件非常让人不舒服的事情，便便往往在不经意间就会排出体外，让人措手不及。为了杜绝拉肚子，我们现在就来学习几个防止拉肚子的小方法。

在食用食物的时候，不要吃那些没有经过消毒或者其他不卫生的食物。不要吃生的食物，要吃加热之后的熟了的食物。买吃的东西的时候不要在那些没有卫生保障情况下的地方购买。

　　尽量不要去和那些有腹泻病正在拉肚子的人接触，他们会把他们的病毒传到自己的身上，虽然病毒经过二次传播之后会减弱，但是小孩子的免疫力不强，同样会拉肚子。

　　另外就是要经常洗手，养成洗手的好习惯，吃饭之前要洗手，上完厕所之后也要洗手。

　　问问你的老师，除了腹泻拉肚子之外下面哪些疾病是大肠杆菌导致的？

　　A：泌尿系统感染。

　　B：败血症。

　　C：癫痫。

　　A：对。

　　B：对。

　　C：错！

　　大肠杆菌为什么会引起败血症？

　　答：病原性大肠杆菌进入大肠之后，这些厉害可怕的杆菌就会侵入大肠的血细胞，并在这些细胞里面进行繁殖与生长，这些大肠杆菌是有病毒的，这些病毒就会随着大肠内的血管分布到我们的全身。全身的血管受到侵害后人的身体就会发生脓肿。这就是败血症。

可怕的狂犬病毒

◎周末的时候，朋友强强到智智家里来玩，智智正在逗自己家里养的小狗。

◎没想到，强强却赶紧跑到了一边去。

◎智智露出一脸惊讶的表情，表示很难相信。

◎智智脸上难以置信的表情变得越来越重，他在心里想，等爸爸回来之后一定要好好问问他。

爸爸回来之后，我一定要好好问问他狂犬病毒到底是什么东西。

别过来！要是被它咬一口，可不得了，可能还会发疯，我以前就被咬过！

具体是什么情况我也不知道，反正那次我打了好多针才好。

可怕的狂犬病毒到底是啥？

每个小朋友都很喜欢小猫和小狗，它们实在是太可爱了，我们没有理由不喜欢。不过，在我们和这些可爱的小猫小狗接触的时候，你是否会知道，就在这个时候，有一个非常可怕的东西隐藏在这些可爱的小猫

小狗身上。这种东西就叫狂犬病毒！

狂犬病毒是一种很可怕也很会躲藏的东西，它们就隐藏在这些可爱的小猫小狗的身上。要是小猫小狗感染了狂犬病毒，就会变得异常的疯狂，眼睛变成红色，非常可怕，嘴巴里面也会流出口水，只要见到了人

就追着咬！这就是我们平时所说的狂犬病。只要人一感染了狂犬病就会出现如下反应：特别兴奋、非常惧怕水、浑身痉挛、会感到呼吸困难、进行性瘫痪、直到最后死亡。

狂犬病毒怎么会有这么大的的毒性呢？因为它具有两种抗原：狂犬病毒的外膜上的糖蛋白抗原和另外一种内层的核蛋白抗原。这两种抗原都能破坏中枢神经组织。

人类是如何感染狂犬病毒的？

狂犬病毒是如此的可怕，但是它们是怎么进入我们身体的？了解狂犬病毒进入我们身体的途径能让我们有效地制止感染狂犬病毒，给我们的身心健康提供很大的帮助。

据研究，狂犬病毒进入我们的身体一般是以下三种方式。

第一种是通过我们损伤的皮肤或者黏膜进入我们的身体，这是一种比较普遍的感染方式。如果我们不小心被感染了狂犬病毒的动物咬伤，或者抓伤，或者你宰杀和碰过因为感染了狂犬病毒而死亡的动物，或者你的伤口被感染了狂犬病毒的动物舔过，你就会很容易感染上狂犬病毒。

第二种就是在我们照顾感染了狂犬病毒的病人的时候，要特别小心，要是那个时候你手上正好有伤口，而伤口又不小心被病人的口水感染了，那你很难逃出感染狂犬病毒的魔爪，所以，在护理的时候要万分小心。还有一种情况就是，当你的手不小心沾到了感染了狂犬病毒的病人的口水的时候，而你有在没有清洗的情况下就用它去擦眼睛嘴巴，这样，也很容易感染狂犬病毒。所以，我们平时要勤洗手注意卫生哦！

第三种感染形式就是在我们亲吻被狂犬病毒感染的动物的时候也会被传染上狂犬病毒。另外还有就是食用感染了狂犬病毒而死亡的动物的肉，这种感染方式导致的结果比较严重，重者直接死亡。

狂犬病毒在我们的身体里面是如何扩散的？

当可怕的狂犬病毒进入我们的身体之后，它们就要开始慢慢地扩张它们的领地了。狂犬病毒首先会沿着我们的外周神经轴以每小时 1 至 3

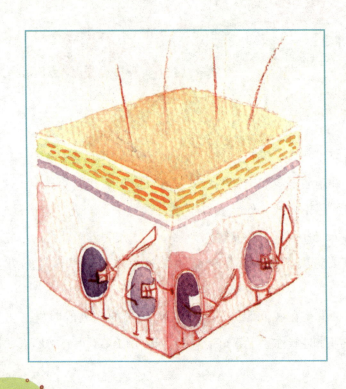

毫米的速度在我们的健康身体里面进行扩张和侵略。它们会和我们身体里面的一种叫做乙酰胆碱的物质相结合，进攻到我们的末梢神经。继而再上升到我们的中枢神经组织，然后这些坏蛋又以很快的速度扩散到我们整个中枢神经组织内，时间大概为一天左右。

进入中枢神经组织之后，狂犬病毒就开始大量繁殖它的下一代了，病毒慢慢变多之后它们就会扩散到我们的海马区和小脑，接着就是脑干，然后就是整个中枢神经系统。更可怕的是，狂犬病毒到了这一步之后还不会停下来，而是继续扩散，继续入侵我们的各个组织和各个神经，直到最后到达我们的肺叶皮肤和角膜等部位。

由此可以看出，狂犬病毒是非常可怕和狡猾的病毒，一旦被它感染就几乎全身都会成病，而且死亡率非常高，已经到了百分之百的地步，所以，在生活中，我们一定要小心，不要感染上了狂犬病毒！

小链接

很多喜欢小猫小狗的人都觉得，要是被健康的动物咬伤和抓伤之后是不会感染上狂犬病毒的，但是，事实真的是这样吗？

其实，事实并不是这样的。狂犬病毒是很会隐藏的病毒，它们潜伏的时间非常长，有的甚至会达到一年之久。狂犬病的潜伏时间也很惊人，一般时间是三十天到九十天不等，十天之内就出现的几率是少之又少。

有很多看起来非常健康的小猫小狗其实也带有狂犬病毒，只是外表看不出来而已，被咬伤之后同样也会感染到病毒。

因此，我们只要被小猫或者小狗咬伤之后就应该立即去医院注射狂犬病疫苗，不管当时是什么症状，都要去。要学着保护和爱护自己。

师生互动

问问你的老师，下面三个人名，是谁发明的狂犬疫苗？

A：爱迪生

B：牛顿

C：巴斯德

A：错

B：错

C：对

巴斯德是如何发明狂犬疫苗的？

答：狂犬疫苗的发明人是巴斯德。在距今几百年的 1885 年的某一天，有人把一个被一条疯狗咬得很厉害的小男孩送到巴斯德的家里，希望巴斯德能救治他。巴斯德当时只是想了一下就给这个孩子注射了一种毒性很低的液体，然后再慢慢给这个孩子注射一些毒性比较大的液体。巴斯德当时的想法很简单，他希望在狂犬病的潜伏期过去之前，这个孩子的体内能产生抵抗狂犬病毒的能力。结果，巴斯德成功啦！后来的好几年，巴斯德都是通过这种方法救活了好几个被疯狗咬伤的孩子。巴斯德经过细心的研究和发掘，终于在 1889 年的时候发明出了狂犬疫苗。

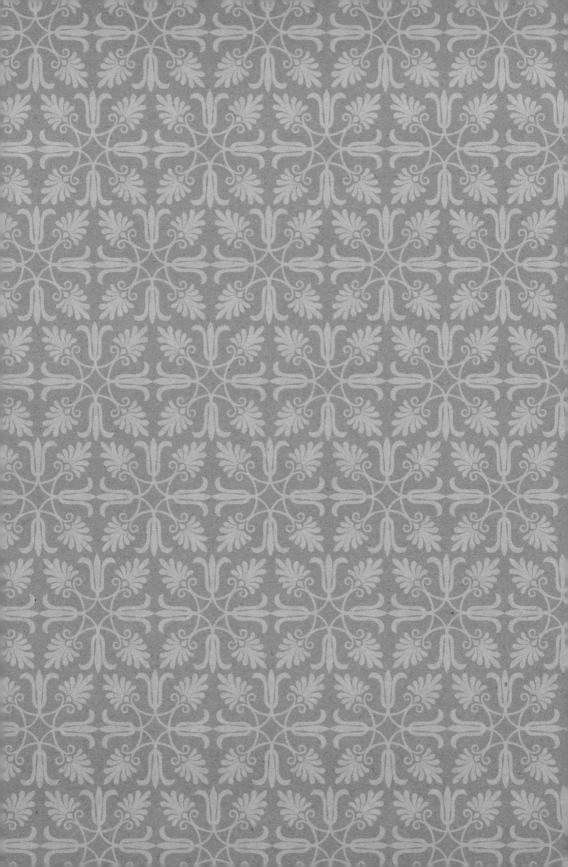